Bernward Meisterjahn

KLOSTER STEINFELD

Bernward Meisterjahn

Kloster Steinfeld

KUNSTVERLAG PEDA · PASSAU

Herausgeber: Kloster Steinfeld
Gesamtherstellung: Kunstverlag Peda, Passau

ISBN 3-930102-66-8
PEDA-KUNSTFÜHRER Nr. 309/95

KUNSTVERLAG-PEDA, Tittlingerstr.19 · D-94034 Passau · Tel. 0851/751551

KLOSTER STEINFELD
Gemeinde Kall · Kreis Euskirchen · Nordeifel · Diözese Aachen[1]

Gründungslegende und Geschichte des Klosters

Abb. 1 Schlußstein im Gewölbe des Kreuzgangs: Abtsstab, Pfeile und Lilien

Kloster Steinfeld wurde auf einem kargen und einsamen Höhenzug der Nordeifel errichtet, deren Klima von langen, schneereichen Wintern und kurzen, kühlen Sommern geprägt ist. Die Ursprünge der klösterlichen Siedlung liegen in geschichtlichem Dunkel. Im allgemeinen wurde 920 als Gründungsjahr angenommen.[2] Nach Johannes van der Sterre, einem namhaften Historiker des Prämonstratenserordens des 17. Jahrhunderts, verhielt es sich mit der Gründung des Klosters Steinfeld so:[3]

Zur Zeit König Heinrichs I. (916–936) lebte Sibodo von Are,[4] ein zugleich mächtiger und großherziger Mann, Besitzer und Eigentümer vieler Burgen, der, wie es der Herren Art ist, sich gern den Jagdfreuden hingab. Dieser beschloß eines Tages, um sich nicht zu sehr in weltliche Vergnügungen zu verlieren, in seinen entfernt gelegenen Jagdgründen in den Ardennen ein Oratorium zu errichten und dort betend und betrachtend den inneren Menschen zu erneuern. Obwohl nun jener Ort rauh und steinig war und daher zu Recht Steinfeld genannt wurde, so war er dennoch wegen seiner Abgelegenheit als Stätte des Gebetes besonders geeignet. Sibodo baute also im Namen Gottes ein Haus, und da das Gebäude mit dem Segen des Höchsten einen glücklichen Fortgang nahm, gab er ihm die Form eines Klosters , das dann zur Ehre Gottes, der Gottesmutter und der heiligen Apostel Petrus und Paulus vom Kölner Erzbischof konsekriert wurde.[5]

Um nun diese neue Gründung würdiger auszustatten, habe Sibodo von Bischof Rutger († 934), dem 68. in der Reihe der Trierer Bischöfe, die Gebeine der Heiligen Potentinus, Felicius und Simplicius[6] erhalten können, die bisher zu Karden an der Mosel verehrt wurden. Die Verehrung dieser Heiligen und Wallfahrten zu ihrem Grab haben Steinfeld dann zu wachsendem Ruhm verholfen. Der hl. Potentinus sei ein Sohn des Herzogs von Aquitanien gewesen, der gegen den Willen seiner Eltern den christlichen Glauben angenommen habe. Zum Diakon geweiht, habe er einen solchen Glaubenseifer entfaltet und ein so hohes Ansehen genossen, daß die Westfalen ihn als Pfarrer von Münster hätten gewinnen wollen. Auf dem Weg dorthin sei er mit seinen Begleitern von Verwandten ereilt, gestellt und schmählich niedergemacht worden.[7]

Sibodo habe das Kloster Ordensfrauen übergeben, die nach der Regel des hl. Benedikt 177 Jahre in Steinfeld Gott gedient, am Ende aber sich einer bequemeren Lebensweise hingegeben hätten. Die Schwestern seien daher von Erzbischof Friedrich von Köln (1099–1131) durch Regularkanoniker aus dem Kloster Springiersbach,[8] Diözese Trier, ersetzt worden, die zunächst als Regularen gelebt, sich aber 1124 oder 1126 dem durch den heiligen Norbert 1120 gegründeten Orden der Prämonstratenser angeschlossen und den weißen Habit angenommen hätten.

Abb. 2 Übertragung des Potentinusschreins, Detail aus dem zweiten Kreuzgangfenster

Abb. 3 Martyrium des hl. Potentinus und seiner Gefährten; Detail aus dem Potentinusaltar

Die Übernahme Steinfelds durch den Kölner Erzbischof zum Zweck der Reform des Klosters erfolgte mit Zustimmung des Grafen Dietrich (oder Theoderich) von Are, wie eine Urkunde von 1121 bezeugt.[9] Damit bewegen wir uns in Steinfeld nicht mehr zwischen Legende und Historie, sondern treten ein in das helle Licht der Geschichte. Die erste Gründung hat in Steinfeld keine Spuren hinterlassen. Steinfeld hat seit der Umwandlung, die man als zweite Gründung bezeichnen kann, zunächst und für kurze Zeit als Doppelkloster für Männer und Frauen bestanden.[10]

Die Kunst stellt die Anfänge Steinfelds gemäß den legendären Traditionen der Prämonstratenser dar: das Martyrium des heiligen Potentinus auf dem Altarblatt eines Seitenaltars in der Basilika, die Überführung der Reliquien des Hei-

Abb. 4
Springiersbach, Klosterkirche

Abb. 5
Potentinusschrein, heute im Louvre, Paris: Auf der Stirnseite der Salvator, Maria und der hl. Augustinus

ligen in den Glasmalereien des Kreuzgangs und die verschiedenen Fresken und Statuen des Kirchenpatrons.

Obschon der hl. Norbert nicht Gründer des Steinfelder Klosters war, wurde er dennoch von den Steinfelder Prämonstratensern hoch verehrt. Darum muß hier auf seinen Lebensweg näher eingegangen werden.

Norbert,[11] Sohn eines Grafen Herbert von Gennep bei Kleve, geboren zwischen 1080 und 1085, war begüterter Stiftsherr in Xanten. Als königlicher Hofkaplan erlebte er 1111 die Gefangennahme des Papstes Paschalis II.

Abb. 6 Statue des hl. Norbert im nördlichen Querschiff

(1099–1118) durch Heinrich V. (1106–1125) in der Peterskirche zu Rom. Dieses erschütternde Erlebnis scheint bei ihm den Prozeß einer Wandlung eingeleitet zu haben; seine endgültige Bekehrung erfolgte 1115, noch im gleichen Jahr ließ er sich von Erzbischof Friedrich I. von Köln an einem Tag zum Diakon und Priester weihen. Auf der Suche nach der ihm angemessenen Lebensform weilte er zwischen 1115 und 1118 bei dem Benediktinerabt Kuno in Siegburg, beim Einsiedler Ludolf in Lonnig und bei Propst Richer in Klosterrath. Dabei lernte er die Regel des heiligen Augustinus[12] kennen, von der es zwei Fassungen gab: das mildere »Praeceptum« und den strengeren »Ordo monasterii«. Die Art und Weise, wie der Ordo im Kloster gelebt wurde, war durch nähere Regelungen und Vorschriften bestimmt. Propst Richer faßte sie in den »Consuetudines« zusammen, die er 1119 zur Billigung durch den Papst nach Rom schickte und die Calixt II. (1119–1124) 1122 für Klosterrath bestätigte. Als Norbert 1120 im abgelegenen Prémontré sein Reformkloster gründete, hat er sich von seinen bisherigen Erfahrungen im klösterlichen Leben leiten lassen. Er gründete bald neue Niederlassungen zu Kappenberg, Varlar und Ilbenstadt (1122), in St. Michael zu Antwerpen (1124), in Clairfontaine (1126). Im November 1125 war er auf dem ersten Hoftag des Königs Lothar III. von Supplinburg (1125–1137) anwesend, zog noch im Winter über die Alpen nach Rom, wo Papst Honorius II. (1124–1130) ihm im Februar 1126 die Besitzungen seines Ordens bestätigte. Über Würzburg reiste er nach Prémontré zurück und war im Juni bereits wieder auf dem Reichstag zu Speyer. Dort wurde er zum Erzbischof von Magdeburg gewählt. Damit hatte sich der Mönch aus seiner Weltabgeschiedenheit wieder großen kirchlichen Aufgaben in der Welt zugewandt, was ihm von eifrigen Reformern verübelt wurde. In Magdeburg kümmerte sich der neue Erzbischof zunächst um die Wiederherstellung der verletzten Rechte seiner Kirche. Das Stift »Unserer Lieben Frauen« reformierte er durch Prämonstratensermönche in der Hoffnung, so zugleich den Anfang einer Reform seines Klerus in Gang zu bringen. – In Prémontré wurde Hugo von Fosses 1128 Abt, und es entwickelten sich zwischen Prémontré und Magdeburg unterschiedliche Auffassungen hinsichtlich des Klosterlebens: Prémontré und die mit ihm verbundenen Abteien waren eher der mönchischen Reform zugetan, die Prämonstratenser von Magdeburg und deren Tochterklöster widmeten sich vor allem der Ostmission. – Beim Schisma der Römischen Kirche (1130) stellte sich Norbert mit Bernhard von Clairvaux gegen Anaklet II. auf die Seite Innozenz II., begleitete 1132 Lothar III. auf dessen Romzug, wohnte der Kaiserkrönung am 4. Juni 1133 in der Lateranbasilika bei und wurde zum Erzkanzler für Italien bestimmt. Im Frühjahr 1134 kehrte er, an Malaria erkrankt, nach Magdeburg zurück, wo er am 6. Juni 1134 verstarb.[13] Augustin und Norbert sind somit die Väter des Prämonstratenserordens. Die Augustinusregel gewann in der abendländischen Kirche neben der Benediktusregel erheblich an Bedeutung.

Kehren wir zur Geschichte von Steinfeld zurück. Wie aus der Stiftungsurkunde hervorgeht, verfolgte der Erzbischof von Köln mit der Errichtung des Klosters zwei Ziele: die Reform des Klosters gemäß der Regel des hl. Augustinus[14] und

Abb. 7 Kloster Strahov, Prag, Eingangsportal. Skizze L. Krause.

eine bessere seelsorgliche Betreuung der Bevölkerung. Steinfeld wurde Seelsorgszentrale. Der Erzbischof übertrug dem Kloster neben der Pfarrkirche vom hl. Andreas[15] zu Steinfeld die Pfarreien Berndorf und Ripsdorf. Mit der Andreaskirche waren die Filialen in Kall und Sistig verbunden.[16]

Die Weite des geistlichen Einflußbereiches der Abtei Steinfeld läßt eine Aufstellung erkennen, die Schorn in Anlehnung an die Annalen Hugos' zusammengestellt hat:[17] »Die Abtei hatte die sogenannte Paternitas von folgenden Klöstern: Strahov bei Prag; Sayn; St. Trinitas in Irland; St.Vinzenz zu Breslau; Mariengarden in Friesland, Bonifaz in Dokkum; St. Nikolaus in Merna (Holland); Meer; Dünnwald; Reichenstein (gegründet 1210); Gartzen (seit 1705); Niederehe (1507); Marienstern. Unter ihrem Patronat standen: die Pfarrei St. Andreas in Steinfeld selbst mit vier Geistlichen, welche zugleich den Dienst in den umliegenden Pfarreien Sistig mit dreizehn, Kall mit drei und Wildenburg mit zwölf Filialen versahen; Schleiden mit drei Kapellen (Blumenthal, Hellenthal und Harperscheid) war früher mit Steinfeld vereinigt gewesen, aber wegen der großen Entfernung zur Abtei 1317 durch Erzbischof Heinrich II. zur selbständigen Pfarrei erhoben worden, vorbehaltlich der nach Steinfeld zu zahlenden Zehnten; Reifferscheid, ebenfalls früher zur Pfarrei St. Andreas gehörig, seit 1130 von Erzbischof Friedrich zur Pfarrei erhoben, mit fünf Kapellen, Hollerath, Oberreifferscheid, Rescheid, Giescheidt und Ramscheid; Berndorf und Ripsdorf mit der Kapelle in Hüngersdorf; Hochkirchen, 1084 von Dietrich von Hochstaden geschenkt mit Filialen in Poll und Dorweiler; Zülpich, seit 1208 vom Erzbischof Graf Hochstaden der Abtei Steinfeld untergeordnet, mit einer Kapelle in Sevenich; Bengenhoven, seit 1292, im Jahre 1289 durch Kauf vom Dionysiusstift in Lüttich erworben; Fritzdorf, seit 1292...; Erp mit der St. Nikolauskapelle...; Marmagen, seit unvordenklicher Zeit durch einen Kanonikus aus Steinfeld administriert; Keldenich, im Jahre 1251 vom Erzbischof Konrad überwiesen; Franken...; Nettersheim, im Jahre 1705 durch Erzbischof Joseph Clemens von seiner Mutterkirche Zingsheim abgezweigt und mit Steinfeld verbunden...; Wehr, im Trierer Gebiet, im Jahre 1255 vom dortigen Erzbischof Arnold gemäß Bulle Papst Innozenz II. der Abtei zugeteilt; endlich Immekeppel im Herzogtum Berg und unter der Hoheit von Porz gelegen.«

Abb. 8 Äbtegruft unter dem vorderen südlichen Seitenschiff

Wenden wir uns nun wieder mit van der Sterre der inneren Geschichte des Klosters zu. Das Kloster ist zunächst von fünf Pröpsten geleitet worden. Der erste war Everwin (von Helfenstein) (1121–1152),[18] ein Mann großer Gelehrsamkeit, der auch einen Brief an den heiligen Bernhard geschrieben haben soll, in dem er seinem Glauben an die Gegenwart des Leibes Christi in der Eucharistie Ausdruck gab. Everwin wird als Heiliger verehrt, aber sein Grab ist verschollen. Ihm folgte Ulrich (1152–1170), der in Paris den theologischen Doktorgrad erworben hatte.[19] Über ihn berichtet Caesarius von Heisterbach.[20]

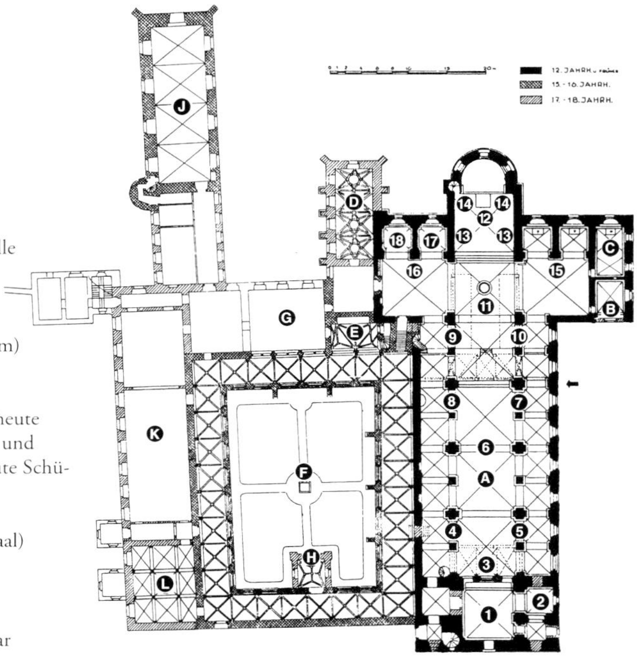

Abb. 9
Grundriß

A Kirche
B Ursulakapelle
C Stephanuskapelle
D Sakristei
E Totenkapelle
F Hof des Kreuzgangs (Quadrum)
G Kapitelsaal
H Brunnenhaus
J Krankenhaus (heute Klosterkapelle) und Bibliothek (heute Schülerkapelle)
K Refektorium (Schülerspeisesaal)
L Küche

1 Vorhalle
2 Magdalenenaltar
3 Lettnertür
4 St. Potentinus
5 St. Hermann Josef
6 Hermann-Josef-Grab
7 Muttergottesaltar
8 Auferstehungsaltar
9 Potentinusaltar
10 Hermann-Josef-Altar
11 Vierungsaltar
12 Hochaltar
13 Chorgestühl
14 Reliquienschrein
15 Kreuzigungsbild
16 Marienstatue
17 Potentinuskapelle
18 Norbertuskapelle
19 Potentinuskapelle
20 Norbertuskapelle
21 Sakristei
22 Kreuzgang
23 Brunnenhaus

Der dritte Propst war Werner, der vierte Terzelin, der fünfte Hermann. Albert habe 1194 als erster die Würde eines Abtes angenommen. Es folgt die Liste von 35 Äbten, die in Steinfeld von1194 bis zu den Lebzeiten van der Sterres regierten (Bis zur Aufhebung 1802 waren es insgesamt 44). Von den meisten gibt er nur den Namen und gelegentlich kurze Daten an. Aber bei einigen wenigen wird Besonderes erwähnt, so beim 4. Abt Macarius, »der 1226 gewählt wurde: Zu seiner Zeit lebte der Selige (Hermann) Josef.« Unter dem 19., Gottfried von Bongenberg, brach der Normannensturm verwüstend über Steinfeld herein. Der Abt wurde ermordet. Seiner wird am 16. Januar im Hagilogium (Heiligenbuch) der Prämonstratenser gedacht. »Er hat sein Grab in der Kapelle der heiligen Apostel am Fuß des Kreuzaltars. Die Vorübergehenden achten ehrfurchtsvoll darauf, seinen Grabstein nicht mit Füßen zu betreten.« Der 21. Abt, Jakob von Rüdesheim, wird im Heiligenbuch am 13. September erwähnt: »Als er, vom Eifer für die Ordensdisziplin entflammt, wie es seines Amtes war, unerschrocken gegen die Auswüchse einiger Übeltäter einschritt, wurde er vergiftet und starb eines ruhmvollen Todes; die Verbrecher aber gingen elend zugrunde.« Unter Johannes XXVI. wurde 1475 der außerhalb der Klostersiedlung gelegene Teich zerstört, als Karl von Burgund Neuß belagerte. Johannes XXXI. von Altena ist »ewigen Gedenkens würdig« wegen der heilsam eingeführten Reform. Dem 34., Balthasar Panhausen, der nach hervorragender Leitung der Steinfelder Kirche das ewige Leben erlangte, folgte als 35. der »sehr hochwürdige Herr Christophorus Pilckmann aus Bonn, ein Mann ernster Lebensführung, voll Eifers für den Orden, tiefer Frömmigkeit, ganz und gar würdig eines solchen Ortes und solchen Amtes. Bei der Reform der böhmischen und westfälischen Klöster hat er unsägliche Mühe verwendet. Unter der so klugen Regierung dieses so gottesfürchtigen Prälaten blüht die Steinfelder Kirche heute noch, ausgezeichnet durch Frömmigkeit und Lehre.«
Diese kurzen Aufzeichnungen gewähren einen kleinen Einblick in die geschichtliche Entwicklung der Abtei bis zu Beginn des 17. Jahrhunderts. – Im Geist des Barocks entfaltete sich in Steinfeld eine rege Bautätigkeit, die ungebrochen bis zur Aufklärung anhielt und dann durch die Aufhebung der Abtei 1802 gewaltsam beendet wurde.

Die Steinfelder Basilika – ein Bauwerk der Hochromanik

Die Steinfelder Basilika ist eine der insgesamt 20 Stiftskirchen des Prämonstratenserordens zwischen Rhein und Maas.[21] Neben der Pfarrkirche St. Andreas wird in Steinfeld bereits eine Klosterkirche bestanden haben.[22] 1142 wurde der Grundstein zur Basilika gelegt. Es ist gut denkbar, daß der Neubau der Klosterkirche mit dem Anschluß des Klosters an den Prämonstratenserorden im Zusammenhang stand. Das Gotteshaus wurde im Stil der Hochromanik erbaut. Die Kunst der Gewölbetechnik war inzwischen erprobt. Aus der Lombardei hatten die Salier Künstler und Werkleute berufen. In Speyer war die Grablege für Kaiser Konrad II. und seine Nachfolger entstanden. In der Marienkirche zu Utrecht war, ebenfalls mit der Unterstützung der Salier, ein Dom von exemplarischer Schönheit errichtet worden. Zahllos sind die denkwürdigen romanischen Bauten jener von religiöser Kraft erfüllten Zeit.

Der Steinfelder Basilika kam der Vorzug zugute, daß sie in außerordentlich kurzer Zeit erbaut wurde und damit die Einheitlichkeit des Plans erhalten blieb. Sie kann zu Recht als »klassisch« bezeichnet werden.

Abb. 10 Grundstein am nordöstlichen Vierungspfeiler

Abb. 11 Westfassade der Basilika mit Portal und Rundfenster

DIE ARCHITEKTUR

Die drei Türme der Steinfelder Basilika ragen hoch über den nach Osten talwärts abfallenden Hügel hinaus. Sie geben ihr heute das charakteristische Gepräge, aber es sei vorweg vermerkt, daß dieses Bild erst nach dem Brand von 1873 entstanden ist. Die ursprüngliche Klosterkirche wirkte, wie das Kloster insgesamt, viel bescheidener.
Wir nähern uns der Kirche von Westen her. Die Zwillingstürme in unverputztem Mauerwerk, die sich erst über dem Obergeschoß runden, zeigen mit ihren Helmen steil in den Himmel. Eine moderne Bronzetür in einem kleinen rundbogigen Portal, die nur bei feierlichen Anlässen geöffnet wird, und ein Rundfenster darüber, leicht zur Mitte hin versetzt, sind in die strenge Front eingelassen. Diese Tür war ursprünglich der oben erwähnten Pfarrkirche St. Andreas zugeordnet, die in der gleichen Achse, etwas nach links versetzt und somit über einem Teil des jetzigen Alten Gemeindefriedhofs erbaut war.
Wir begeben uns an die Südseite der Basilika. Dem hohen Mittelschiff sehen wir das südliche Seitenschiff, mit einem Pultdach versehen, vorgelagert. Je ein Fenster – spitzbogig! – erhellt je ein Joch des Seitenschiffes. Nur ein Fenster links des Südportals ist rundbogig und zugleich kleiner. Hier dürfte die Form erhalten sein, nach der ursprünglich alle Fenster der Seitenschiffe gebildet waren.
Im schönen, schlichten romanischen Südportal ist im Tympanon das Steinrelief des Lammes erhalten.
Der Obergaden ist bestimmt durch paarweise angeordnete Rundbogenfenster. Beim Eintritt

Abb. 12 Basilika von Süden mit romanischem Hauptportal

Abb. 13 Rundfenster der Westfassade, 1994 neu gestaltet von H. Moos, eine inhaltliche Ergänzung zur Bronzetür: Gott erscheint im brennenden Dornbusch und das Feuer, das wie eine Rose aufleuchtet, kündet Gottes Heiligen Geist.

ins Kircheninnere werden wir erkennen, daß diese Gestaltung durch die Jochwände bedingt ist. Ein größeres gotisches Fenster unmittelbar neben dem Westwerk, mit schönem Maßwerk versehen, macht besonders auf sich aufmerksam. Hier befindet sich über der Vorhalle die Kapelle des Erzengels Michael.

Dem südlichen Querhaus sind zwei Kapellen vorgelagert – ein Sonderfall in der Baugeschichte der hochromanischen Kirchen[23] –, und diesen folgen an der Ostseite zwei weitere Kapellen, darauf die Hauptapsis und nochmals zwei Kapellen zwischen der Apsis und dem zweigeschossigen Sakristeibau.

Die Fensteranordnung dieses Kapellengefüges läßt die innere Gliederung kaum ahnen. Zunächst sehen wir ein tiefer gelegenes kelchartiges Fenster, das die Ursulakapelle erhellt. Dann folgen auf der Südseite zwei dicht bis an das Pultdach ragende Fenster, zu dem ein drittes, nach unten versetztes auf der Ostwand gehört. Diese drei Fenster beleuchten die Ste-

Abb. 14 Basilika von Südosten mit Vierungsturm; dem südlichen Querhaus sind im Erdgeschoß die Ursula- und die Stephanuskapelle vorgelagert

phanuskapelle. Die vier weiteren Fenster der unteren Ostwand, je zwei links und rechts der Hauptapsis, sind gleichförmig und jeweils einer der vier Kapellen des Querhauses zugeordnet. In die Apsis, die sich über einem höheren Sockel rundet, sind drei große Fenster mit fein profiliertem Sandsteinrahmen eingelassen. Die Fenster des Obergadens im Quer- und im Chorhaus haben ebenfalls schöne Sandsteinfassungen, während die übrigen Fensterwände schlicht verputzt sind.

Abb. 15
Südwestliches Joch der Vorhalle

Abb. 16
Gotische Eingangstür, früher Lettnertür

Abb. 17 Mittelschiff mit Blick auf den Hochaltar, im Mittelgang das Grab des hl. Hermann Josef

Über dem Schnittpunkt, der von der ost-westlichen Achse des Mittelschiffs und des Chorhauses einerseits und von der nord-südlichen des Querhauses andererseits gebildet wird, erhebt sich der oktogonale Tambour des Vierungsturms, dessen Flächen von Biforien durchbrochen sind, die als Schallöffnungen für das Geläute dienen. Der steil in die Höhe ragende Helm ist an die Stelle eines ursprünglich viel niedrigeren Pyramidendaches getreten. Das Besondere dieses Turms ist, daß er kein bodenständiges Fundament hat, sondern wie ein überdimensionierter Dachreiter über den Gurtbögen der Vierung errichtet ist, eine kühne und zugleich gefällige Konstruktion, bei der Apsis, Chorhaus und Turm einen architektonischen Dreiklang bilden.

Wir kehren an die Eingangstür im Erdgeschoß des südwestlichen Zwillingsturms zurück und betreten das Innere. Wir befinden uns in einem dreigeteilten niedrigen Raum: Der schmale Eingang entspricht mit dem rechts sich anschließenden Kapellenraum dem verlängerten südlichen Seitenschiff der Kirche – das nördliche ist durch eine Wand abgegrenzt (hinter der sich ein neu eingerichteter Beichtstuhl und der Aufgang zu den Westtürmen und der Michaelskapelle befindet) –, während der mittlere Raum die eigentliche Vorhalle bildet. Das Gewölbe wird von Pfeilern getragen, denen Säulen mit schönen Würfelkapitellen vorgelagert sind, eine architektonische Ausnahme, da Säulen sonst nicht in der Basilika verwendet werden. Wir gelangen durch eine gotische Tür ins Innere, das uns mit froher Festlichkeit empfängt. Durch eine Folge von Jochen und Gewölben weitet sich der Blick bis zum fernen Hochaltar. Der erste Eindruck ist Geborgenheit und Freude.

Widmen wir uns der Architektur im einzelnen. Der Grundriß der Basilika ist kreuzförmig, wie schon die Außenansicht ahnen ließ. Auf vier Joche des Mittelschiffs folgt die Vierung, die eigentliche Mitte des Bauwerks.[24] Von dort öffnet sich der Raum um je ein Joch nach Osten ins Chorhaus und nach Süden und Norden ins Querhaus. Die Vierung ist im Grundriß ein Quadrat; die Eckpunkte bilden die mächtigen Pfeiler, die das Kreuzgratgewölbe tragen. Von Pfeiler zu Pfeiler schwingen sich die Gurtbögen, die jedes Gewölbe begrenzen und jedem Joch Einheit verleihen, so daß sie wie selbständige und zugleich harmonisch aneinandergefügte Raumkörper wirken. Die Vierung bestimmt die Maße aller anderen Joche, dies folgt dem Prinzip des sogenannten Quadratischen Grundrißschematismus. Mittelschiff, Vierung, Chorjoch und Querschiff haben die gleiche Scheitelhöhe. Das Chorjoch ist um wenige Stufen erhöht (die Basilika besitzt keine Krypta, wohl aber eine Äbtegruft unter dem vorderen südlichen Seitenschiff). In harmonischer Synthese vereinen sich Zentral- und Richtungsbau, Ruhe und Bewegung.

Jedem Joch des Mittelschiffs entsprechen gemäß dem gebundenen System zwei Seitenschiffjoche, die im Grundriß je ein Viertel des quadratischen Hauptjochs ausmachen. Die Joch-

Abb. 18 Gewölbemalerei im Mittelschiff, Gurtbogen zwischen dem ersten und dem zweiten Joch: Engelsturz

Abb. 19
Gewölbe über der Vierung

wand ist von der gleichen architektonischen Klarheit und Einfachheit wie der Grundriß. Je zwei Arkaden öffnen sich ins Seitenschiff. Über diesen Bögen, die von Kreuz- und Stützenpfeilern getragen werden, erhebt sich die Mittelschiffwand; ihre weißgetünchte Fläche wird in der Höhe von je zwei Rundbogenfenstern durchbrochen, die unter dem Schildbogen einander nähergerückt sind. Wir erkannten schon in der Außenansicht die paarweise Anordnung der Obergadenfenster.

Chor und Apsis (heute vom Hochaltar verdeckt) werden, wie oben erwähnt, zu beiden Seiten von je zwei Seitenkapellen flankiert – die Innenansicht läßt deutlich erkennen, wie die Apsiden tief in die Ostwand eingelassen sind, aber nicht nach außen vordringen (»platter« Abschluß). Die 1. (nördliche) Seitenkapelle ist dem hl. Norbert geweiht, die 2. dem hl. Potentinus, die 3. ist heute für die Verehrung des Altarssakramentes bestimmt, und die 4. ist die Josefskapelle. (Hier befinden sich im Putz der südli-

Abb. 20 Nördliche Mittelschiffwand mit Kanzel

Abb. 21 Südliche Mittelschiffwand; am vorderen rechten Pfeiler die Hermann-Josef-Statue

chen Wand alte Architekturskizzen, die Heinrich Wiethase (1833-1893) als Anregung und Vorlage für die Neugestaltung der Türme und des Westwerks 1880/84 dienten).
Im nördlichen Joch des Querhauses führt eine gotische Tür in die Sakristei; an das südliche lehnen sich die schon erwähnten beiden Kapellen an. Die östliche, dem hl. Stephanus geweiht, ist in ihrer Architektur von besonderer Schönheit und Schlichtheit. Die Ruhe, die diesen Raum erfüllt, hat zu der Vermutung Anlaß gegeben, daß er ursprünglich für einen besonderen sakralen Zweck bestimmt gewesen sein könnte. (Die Stephanuskapelle ist heute Taufkapelle der Pfarrei). – Auch die westlich sich anschließende Ursulakapelle ist ein sakraler Raum, dessen ursprüngliche Bestimmung nicht überliefert ist. Da die Wände mit Fresken bemalt sind – es sind die ältesten, die sich in Steinfeld finden – , Wandmalereien aber den strengen Vorstellungen des Ordens widersprachen, dürfte auch hier eine besondere Bewandtnis vorliegen.

durchaus gefolgt. Ursprünglich befand sich über der Eingangshalle nur die Michaelskapelle. Später baute die Abtei in die Südwestecke dieser Kapelle einen kleinen Turm, um in gefährdeten Zeiten einen Ausguck zu haben.

Abb. 26 Detail eines Stahlstichs von 1862 mit den damals niedrigen Türmen

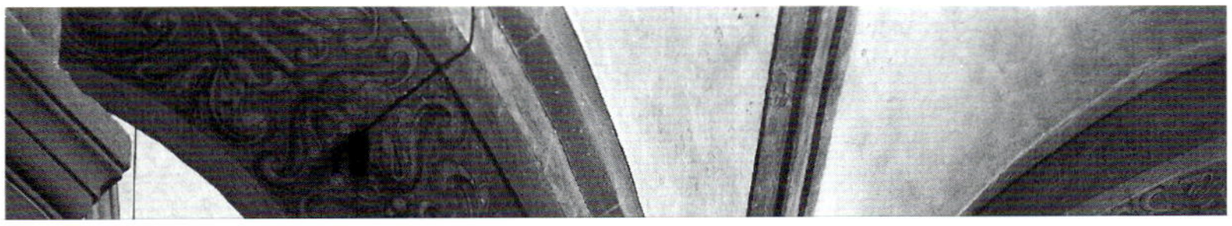

Noch später wurde an der nordwestlichen Seite (wohl aus Gründen der Symmetrie) ein Zwillingsturm hinzugefügt. Beide Türmchen erhielten schlichte barocke Hauben, deren Aussehen uns heute noch aus alten Photographien bekannt ist. Nach dem Brand des 19. Jahrhunderts (1873) hat Heinrich Wiethase den Vierungsturm und die Westfront der Basilika nach romanischen Vorbildern (und nach den erwähnten, vorgeblich alten Architekturskizzen) erneuert, die dem ursprünglichen Geist des Prämonstratenserordens im Grunde fremd sind.[26]

Die Ausstattung

Die ursprüngliche Strenge gestattete es den Prämonstratensern ebensowenig wie den Zisterziensern, daß die Wände der Kirche bemalt und die Fenster mit bunten Scheiben versehen waren. Das Verlangen nach Veranschaulichung von Glaubensinhalten und der fromme Wunsch nach sichtbarer Verehrung Gottes und seiner Heiligen hat sich aber dennoch im Lauf der Zeit durchgesetzt.
Von den Schätzen der Abtei ist nur wenig erhalten. Die Kirche besitzt noch ein romanisches

Abb. 27 Romanischer Löwenkopf als Türklopfer

Abb. 28 (links außen) Romanisches Vortragekreuz

Abb. 29 Gotisches Vortragekreuz mit eingefaßten Reliquien

und ein gotisches Vortragekreuz. Ferner wird im Kloster ein romanischer Löwenkopf aufbewahrt, dessen Ring in späterer Zeit erneuert wurde. – Der romanische Potentinus-Schrein befindet sich seit Ende des 18. Jahrhunderts im Louvre zu Paris. Eine sehr getreue Abbildung ist in einer Sockelscheibe der Glasgemälde des Steinfelder Kreuzgangs erhalten.[27]

CHRISTUS IN DER MANDORLA

(Fresko in der Ursulakapelle)

Etwa 1170 dürften die Fresken der Ursulakapelle entstanden sein. Auf der Stirnwand ist Christus in der Mandorla dargestellt, umgeben von den Symbolen der vier Evangelisten und zwei schwebenden Anbetungsengeln. Auf ihn hin bewegen sich von beiden Seiten die heiligen Jungfrauen aus dem Gefolge der hl. Ursula. Die Darstellung des erhöhten Herrn ist besonders eindrucksvoll. Das Fresko ist dem schönen (fließenden) Stil zugerechnet worden. Schmidt spricht vom »Frühling einer neuen Kunst«.[28] –

Abb. 30 Romanischer Potentinusschrein; Seitenansicht mit den Figuren der Apostel, hier die heiligen Apostel Johannes, Philippus, Judas, Jakobus, Thomas und Paulus

Wie Gemäldereste auf der linken Wand der Kapelle erkennen lassen, sind die Fresken der Ursulakapelle nur teilweise erhalten.

DIE FRESKEN AM CHORPFEILER

Den Gemälden der Ursulakapelle folgen im 14. Jahrhundert die Fresken auf den Vierungspfeilern. Auf dem südlichen Pfeiler ist Maria, die Patronin des Klosters, dargestellt. Sie gleicht einer Königin, die auf ihrem linken Arm das göttliche Kind trägt. Der Blick der Mutter und des Kindes sind einander innig zugewandt. In der Rechten hält Maria eine Blume mit drei Blüten, zu der das Kind mit dem rechten Arm herablangt, während es in der rechten Hand ein Buch trägt. – Unter dem Madonnenfresko ein kleines Bild mit Angehörigen des Prämonstratenserordens. Es darf vielleicht so gedeutet werden, daß der Abt dem Ordensvater Norbert die Schar seiner Mönche anempfiehlt.

Dem Muttergottesfresko links gegenüber ein ebenfalls monumentales Pfeilergemälde mit der Darstellung des hl. Potentinus, des Patrons der Kirche. Frontal blickt er, ritterlich gewandet, auf

Abb. 31 Christus in der Mandorla, etwa 1170, Fresko in der Ursulakapelle

Abb. 32 und 33 Hl. Potentinus, Fresko auf dem südwestlichen Vierungspfeiler, und Maria, Patronin des Klosters, Fresko auf dem südöstlichen Vierungspfeiler, 14. Jh.

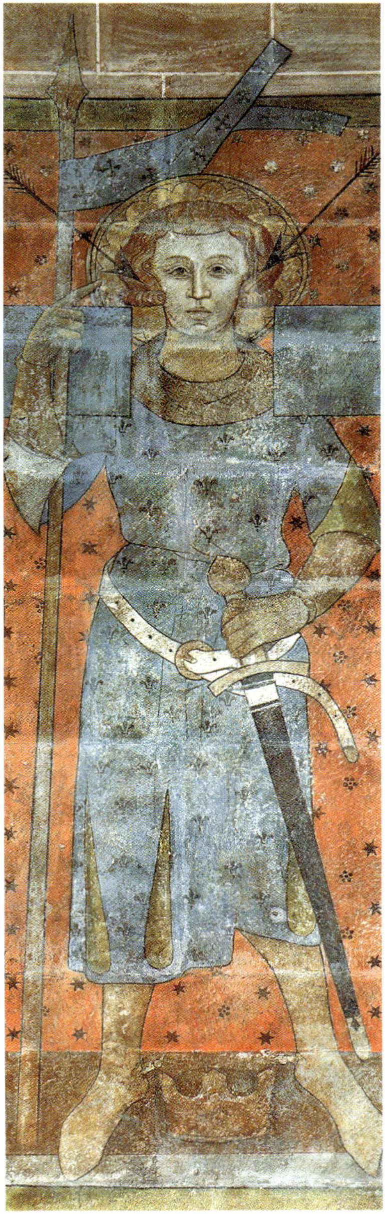

den Betrachter herab, in der Rechten die Lanze mit Wimpel, während die Linke den Knauf des Schwertes umgreift, das locker durch einen weißen Gürtel gehalten wird. Zwischen den gespreizten Füßen ist die herzogliche Krone niedergelegt, Hinweis auf seinen Verzicht um des Glaubens willen. Als Kirchenpatron mußte Potentinus unter den Heiligen in Steinfeld selbstverständlich einen hohen Rang einnehmen.
Jüngste Restaurationsarbeiten in der Konche der Chorapsis lassen erkennen, daß die dort vorhandenen, leider schlecht erhaltenen Fresken des 14. Jahrhunderts – sie stellen die Krönung Mariens dar – in der Renaissance übermalt worden sind.

DAS GOTISCHE KREUZIGUNGSBILD

Auf der Wand zwischen der dritten und vierten Kapelle des Querhauses befindet sich eine Darstellung der Kreuzigung, 1340 von Markgraf Wilhelm von Jülich gestiftet. Die Figurengruppe ist in einen spätgotischen Baldachin gestellt. Unter dem Hauptgiebel sehen wir den gekreuzigten Herrn auf hochragendem Kreuzesbalken, die Arme weit ausgebreitet, das Haupt tief auf den rechten Arm herabgeneigt, der Körper leidgekrümmt und erstarrt, die Füße übereinandergedehnt und mit einem Nagel durchbohrt. Zu seiner Rechten blickt die Mutter des Herrn voll Schmerz hinauf in das vom Tod gezeichnete Antlitz des Sohnes, die verschränkten Hände vor das Kinn hinaufgeschoben, die Seite von einem Schwert durchstoßen. Johannes gibt dem Leid bewegten Ausdruck, indem er , sich abwendend, die linke Hand an das Haupt lehnt, während die rechte ein Buch, das Evangelium, trägt. Im äußeren unteren Bildrahmen knien die

Abb. 34 Gotisches Kreuzigungsbild, Fresko, 1340

Abb. 35 Pietà aus Tuffstein, um 1420, in einer Nische des nördlichen Seitenschiffs, dem ehem. Türeingang zum Kreuzgang

Stifter, rechts neben dem Evangelisten der Graf, links neben der Gottesmutter die Gattin. Der Bildhintergrund ist wie ein Teppich mit aquitanischen Lilien geziert. – Der Vergleich mit einem Kanonbild aus dem Steinfelder Missale um 1180 zeigt eine starke Ähnlichkeit der Motive, doch ist die innere und äußere Bewegtheit der Gruppe im Stifterbild erheblich gesteigert.

DIE PIETÀ

Im hinteren nördlichen Seitenschiff befindet sich in einer Nische das kleinfigurige Bildnis der Muttergottes , die, sitzend, den toten Sohn auf dem Schoß hält, ein Erbärmdebild aus bemal-

Abb. 36-40
Chorgestühl mit Miserikordien und Armlehnen, 2. Hälfte 14. Jh.

tem Tuffstein um 1420, dazu bestimmt, Betern in ihrem Leid Trost und Kraft zu spenden. Die Mutter hat sich in das Schicksal des Sohnes , das auch ihr eigenes ist, ergeben, in Demut den Willen des Vaters anerkennend. Mit ihrer Rechten hält sie das Haupt ihres toderstarrten Sohnes, während die Linke auf das Lendentuch gelegt ist. Der Körper des Herrn ist ganz ausgemergelt, von Wunden schwer gezeichnet; sein rechter Arm fällt schlaff zu Boden. Mit gefaßtem Schmerz und inniger Liebe versenkt sich der Blick der Mutter in das Antlitz des toten Sohnes.

DAS CHORGESTÜHL

Gegen Ende des 14. Jahrhunderts mußte Steinfeld schwere Zeiten über sich ergehen lassen. 1388 wurde die Abtei durch Truppen des Grafen Walram von Luxemburg, der Anhänger des Gegenpapstes Clemens VII. war, geplündert und Abt Gottfried I. von Bongenberg grausam ermordet. Aber im 15. Jahrhundert sollte Stein-

Details unten:
Frau mit Huhn: Ungeduld oder Klatschsucht
Das „ideale Ehepaar“ oder auch „Zorn und Güte“
„Der Fuchs als Prediger“ oder auch „Der Prediger als Fuchs“
Frau, die ihr eigenes Bein durchsägt, oder die Torheit

feld dann »belebender Mittelpunkt« für die rheinischen und westfälischen Klöster des Ordens werden.[29] In der zweiten Hälfte dieses Jahrhunderts wurde das Chorgestühl in einer Kölner Werkstatt aus Eichenholz angefertigt. Es nahm ursprünglich drei Joche ein: das Chorjoch, die Vierung und das erste Mittelschiffjoch. Nur etwa ein Drittel ist erhalten. Bei der Aufhebung des Klosters ging der größere Teil verloren.[30]

Das Chorgebet der Steinfelder Mönche beanspruchte einen großen Teil der Nacht und des Tages. Es wird berichtet, daß sie dem offiziellen Offizium noch das Marianische anfügten und dazu noch das Totengedenken. Das Chorgestühl war so eingerichtet, daß an der Vorderseite der Klappsitze eine Wange überstand, die, wenn sie hochgestellt wurden, eine bequeme Gelegenheit zur Anlehnung bot. Da somit die Mönche

Abb. 41 Barocker Reliquienschrein über dem Chorgestühl, in der Mitte die hl. Ursula; oben das Wappen von Strahov

Abb. 42 und 43
Hl. Potentinus und Madonna, Wangenfiguren am Chorgestühl

saßen, während sie doch stehen sollten, wurden diese Klappsitze Lügenstühle oder, etwas gnädiger, Miserikordien (von lat. misericordia = Barmherzigkeit) genannt. Armlehnen und Miserikordien wurden mit allerlei poetischem Schnitzwerk verziert. Neben Blatt- und Fabelmotiven fanden sich Allegorien von Tugenden oder, richtiger, Untugenden. Und da die Tugend wie die Untugend im Lateinischen wie im Deutschen ein weibliches Wort ist, wurden diese Untugendvergleiche auch zumeist mit weiblichen Wesen dargestellt.[31] Der genaue Sinn der jeweiligen Allegorien ist uns nicht überliefert, aber er ist offenbar vielfach so eindeutig, daß man ihn mit einiger Sicherheit zu erkennen glaubt, und wo er mehrdeutig scheint, hat das für den Betrachter ja auch seinen Reiz. Man darf annehmen, daß die Mönche mit diesen Darstellungen Bezug nahmen auf all das, was unter der Würde des Menschen und erst recht des Mönches ist oder was menschlich, allzu menschlich ist. Dieses Böse wurde nun gleichsam heruntergedrückt. Über dem Chorgestühl aber befinden sich die Heiligenschreine. Sie sind uns in ihrer (späteren) barocken Ausstattung erhalten. Die darin enthaltenen Reliquien galten den mittelalterlichen Menschen nicht als Relikte der Verwesung, sondern als Zeichen der Ewigkeit. Darum haben sie diese Gebeine und selbst ihre kleinsten Teile gesammelt, weil in ihnen die Heiligen nahe waren, weil sie sich von ihnen besonderen Schutz versprachen und weil man glaubte, man müsse diese Überbleibsel vorbereiten für die endgültige Auferstehung – und dafür war ihnen nichts zu kostbar.[32]

Die Mönche aber fühlten sich in ihrem Chorgestühl in jener Spannung zwischen höherem Streben und niederer Neigung, die den Menschen nach oben Ausschau halten läßt und nach unten zieht.

DIE SPÄTGOTISCHEN STATUEN

Aus spätgotischer Zeit finden sich in der Steinfelder Kirche einige wertvolle Statuen: die Kreuzgruppe in der Vorhalle, die Statue der Muttergottes im linken Querhaus, die des heiligen Potentinus am nordöstlichen und die des heiligen Hermann Josef am südöstlichen Pfeiler des dritten Joches.

DIE KREUZIGUNGSGRUPPE

befand sich ursprünglich wahrscheinlich über dem Lettner. Heute hat sie ihren Platz in der Vorhalle. Der Gekreuzigte neigt sein Haupt leicht zur Seite. »Es ist vollbracht.« Das Todesleiden ist vollendet. Die Worte des Herrn mögen noch nachhallen: »Frau, siehe, dein Sohn!« und zum Jünger gewandt: »Siehe, deine Mutter.« Maria, trotz des schweren Mitleidens in Ergebenheit die Hände faltend, schaut zur Seite, als betrachte sie die Füße des Sohnes. Johannes wendet seinen Blick gleichsam fragend nach oben, auch er von tiefstem Mitgefühl durchdrungen. Die Rechte legt er auf die Brust, auch das eine Geste der Ergebenheit; die herabhängende Linke hält ein Beutelbuch. Wie das Vesperbild entspricht auch die Verehrung dieser Kreuzgruppe ganz den Bedürfnissen der Gläubigen: Trost im Leid und Sinngebung über das Ende menschlichen Lebens hinaus.

MUTTERGOTTESTATUE

Die Gottesmutter ist mit dem Diadem der Königin dargestellt. Das Haar fließt weit über die Schultern herab. Der Blick ist freundlichernst dem Betrachter zugewandt. Sie trägt vor sich auf beiden Armen das göttliche Kind.

DIE POTENTINUSSTATUE

Der Pfarrpatron ist in der Rüstung eines Ritters dargestellt, in der einen Hand die Pfeile, die auf sein Martyrium hindeuten, in der anderen die Lanze. Zu Füßen das Lilienwappen, Hinweis auf seine legendäre Herkunft als Sohn eines aquitanischen Herzogs.

Abb. 44 Kreuzigungsgruppe in der Vorhalle, Ende 15. Jh.

Abb. 45
Muttergottesstatue,
Ende 15. Jh.

Abb. 46
Potentinusstatue,
Ende 15. Jh.

Abb. 47
Hermann-Josef-Statue, Ende 15. Jh.

Abb. 48
Ehemaliges Altarblatt; obere Reihe: die heiligen Apostel Petrus, Matthias und Andreas; untere Reihe: die Heiligen Potentinus und Hermann Josef

DIE HERMANN-JOSEF-STATUE

stammt wie die Marienstatue und die Potentinusstatue aus dem letzten Jahrzehnt des 15. Jahrhunderts und wurde in einer Kölner Werkstatt geschaffen. Schmidt hat auf die Verwandtschaft dieser Statue mit der des Salvators in St. Ursula in Köln hingewiesen. »Der Bildhauer offenbart hier besonders in der Haltung und im Antlitz des Hermann Josef und des Salvators einen hohen Sinn für seelische Regungen.«[33] – Der Heilige weist mit seiner Rechten auf den Kelch in der Linken oder genauer: auf die drei Rosen, die dem Kelch entsprießen (aber hier nicht mehr vorhanden sind). Hermann Josef hat mit besonderer Innigkeit das hl. Opfer gefeiert und wurde dabei mystischer Gnaden zuteil.
Die Züge des Heiligen atmen tiefste Sammlung, verhaltenen Ernst und stille Güte. Die ganze Größe der Gottesbegegnung kommt zum Ausdruck. Das alles aber ist ohne Beredsamkeit, nichts wird zur Schau gestellt. Hier stehen wir wohl dem besten gegenüber, was die darstellende Kunst in Steinfeld zu bieten vermag. Hier wird die Mystik des Heiligen fast mehr noch als in seiner Lebensbeschreibung glaubhaft und überzeugend.

DIE GEWÖLBEAUSMALUNG

Abt Gottfried II. (1509–1517) ließ die Gewölbe durch Meister Hubert aus Aachen ausmalen.[34] Sie waren Jahrhunderte hindurch übertüncht und wurden erst durch Josef Kurthen entdeckt und wiederhergestellt.[35] In den Gewölbemalereien sind noch die Einflüsse nord-westeuropäischer Spätgotik zu erkennen, während sich die Renaissance bereits anbahnt. Die Freskenmale-

Abb. 49 Gewölbemalerei, um 1500, von Hubert von Aachen

Abb. 50 Gurtbogen mit Darstellung des Engelsturzes

rei in den Gewölben und an den Gurtbändern unterstützt die Selbständigkeit und zugleich die einander zugewandte Harmonie der Joche. Die Grundfarbe der Gurtbögen lehnt sich eng an die Tönung des Buntsandsteins der Pfeiler an. Die Ranken und Blumen eines jeden Joches – eine Fülle poetischer Erfindung – ordnen sich ihrem jeweiligen Scheitelpunkt zu.

Die Fresken auf den Gurtbögen der Vierung sind durch eine besondere Thematik gekennzeichnet. Auf dem westlichen Bogen wird die Wurzel Jesse, der Stammbaum Jesu, in einer noch stark gotisch anmutenden Manier dargestellt. – Der südliche, mit Mariensymbolen geschmückt, ist kennzeichnend für die Muttergottesverehrung des Prämonstratenserordens. – Der nördliche ruft durch das Beispiel der fünf klugen und fünf törichten Jungfrauen die Mahnung in Erinnerung: Seid wachsam, denn ihr wißt nicht, zu welcher Stunde der Bräutigam kommt. – Der östliche Gurtbogen schildert große Szenen aus dem Alten Testament: Jakobsleiter, Opferung Isaaks, Erschaffung Evas, Eherne Schlange, Quellwunder Moses, Bezeichnung der Erwählten, David und Goliath; in vielen läßt sich eine geheime Verbindung zum Opfer Christi erahnen. – Im Mittelschiff, dort wo einst der Lettner den Mönchsteil der Kirche vom Volksteil trennte, schildert der Gurtbogen den Engelsturz. Der Engelsturz ist auch das Thema des ersten Glasfensters im Kreuzgang, und da beide Darstellungen zeitlich nahe beieinander liegen, ist ein Vergleich lohnenswert.

DIE BAROCKAUSSTATTUNG

aus dem 17. Jh. Dazu gehört außer dem Hochaltar, den Nebenaltären und der Kanzel vor allem die Orgel, die zu den besten ihrer Zeit gerechnet werden darf .

DER HOCHALTAR

Über der Sockelzone, die an antike Triumphtore erinnert, nimmt das Hauptaltarblatt die Mitte und ein zweites, kleineres den Auszug des Altares ein. Beide können, je nach der liturgischen Jahreszeit, ausgewechselt werden. Das Weihnachtsbild stellt die Anbetung der Hirten dar. Das kleine Blatt im oberen Geschoß zeigt die Anbetung des Kindes durch die Heiligen Drei

Abb. 51 Engelsturz, Kreuzgangfenster

Könige. Ferner sind erhalten die monumental gestalteten Tafelbilder der Kreuzabnahme, der Auferstehung Christi und der Heiligen, die in Steinfeld besonders verehrt wurden. Das Mittelbild wird flankiert von den Statuen des hl. Petrus und des hl. Paulus, während das kleine obere Altarblatt umstanden wird von einem Priester und einem Diakon, den Söhnen des Pfarrpatrons Potentinus: Felicius und Simplicius. Außen über den Voluten ragen die Statuen des hl. Norbert und des hl. Hermann Josef empor. Als Bekrönung schließlich das Bildnis der Strahlenmadonna.

Der Hochaltar ist in allen Stilelementen des Barock gestaltet. Vertikale und horizontale Linien, lastende und tragende Elemente stehen in ausgewogenem Spannungsverhältnis zueinander. Petrus und Paulus sind auf hohe, nach vorn hervortretende Sockel gestellt und werden von starken Säulen gerahmt. Dabei tritt jeweils die Säule zwischen den Heiligen und dem Altarblatt besonders hervor. Sie ist nach Art der Berninisäulen am Papstaltar zu St. Peter geschraubt. Gesims und Fries über den Heiligen sind stark verkröpft, der Bogen gesprengt. Ähnlich ist das Hochgeschoß gestaltet, insgesamt ein barockes Werk voller Kraft, Spannung und Tiefe, geschaffen von dem Holzbildhauer und Laienbruder Michael Pirosson (geb. 1645).

Die Verehrung der Apostel, die für den Prämonstratenserorden charakteristisch ist, beschränkt sich hier auf die Apostelfürsten, schließt aber in der Intention das ganze Apostelkollegium mit ein. Der Orden bekundet in diesem Steinfelder Hochaltar seine römische

Abb. 52 Hochaltar, Ende 17. Jh.

Abb. 53 Anbetung der Hirten, Hauptbild des Hochaltars

Abb. 54 und 55 Die Heiligen Petrus und Paulus vom Hochaltar

Gesinnung, wie Steinfeld ja auch in den Reformationswirren seine Treue Rom gegenüber unter Beweis stellte.

DIE SEITENALTÄRE

Zugleich mit dem Hochaltar wurden die Seitenaltäre in barocken Formen gestaltet. Dem Hochaltar zugeordnet sind die beiden Altäre unter der ersten Arkade des ersten Mittelschiffjochs, rechts der Hermann-Josef- und links der Potentinus-Altar. Beiden, Potentinus als dem Steinfelder Pfarrpatron und Hermann Josef als dem eigentlichen Heiligen von Steinfeld, gebührte ein Ehrenplatz.

Das Altarblatt des Potentinusaltars schildert, der Legende folgend, das Martyrium des Heiligen und seiner Gefährten. An zweien, Felicius und Simplicius, ist das Martyrium bereits vollzogen, die Körper liegen mit abgetrenntem Haupt am Boden. Potentinus, im Gewand eines Diakons,

Abb. 56 Anbetung der Heiligen Drei Könige

Abb. 57 Kreuzabnahme, auswechselbares Hauptbild des Hochaltars, jetzt im südlichen Querhaus

erwartet kniend und ergeben den Tod, bereits von einem Pfeil durchbohrt, während ein gepanzerter Scherge den zweiten Pfeil nachstößt und ein anderer, eher renaissancehaft bekleideter Henker, das Schwert beidhändig und grimmig zückt. Corona, die Schwester, im Bild ein wenig verdeckt, sieht ebenfalls geduldig ihrem Schicksal entgegen. In der Tiefe des Mittelgrundes kommen in einer Simultanszene Reiter angesprengt, die einen Mann überfallen, während weiter oberhalb des Weges andere Wandersleute fluchtartig davoneilen. Im Hintergrund eine Küstenlandschaft mit Felsen und Burgen, insgesamt »ein gut erhaltenes und sehr beachtenswertes niederländisches Gemälde des 16. Jahrhunderts«.[36]

Am südöstlichen Chorpfeiler des ersten Mittelschiffjoches befindet sich der Hermann-Josef-Altar. Das Altarblatt schildert die »mystische Vermählung« . Das 20. Kapitel der Vita beschreibt den Hergang so: »Hermann wird der seligsten Jungfrau Maria vermählt und Josef genannt.« Maria , mit Krone und königlichem Gewand, schreitet auf den Heiligen zu und reicht

Abb. 58
Martyrium des hl. Potentinus und seiner Gefährten

Abb. 59
Mystische Vermählung des hl. Hermann Josef, 1698

ihm die Rechte entgegen. Auf dem linken Arm trägt sie ihr göttliches Kind, das sich mit der rechten Hand an der Mutter festklammert, während es mit der freien linken einen Ring herabreicht. Hermann kniet in Chorherrenkleidung rechts im Vordergrund, streckt seinerseits die Rechte der Gottesmutter entgegen. Zwischen beiden schwebt, von Wolken getragen, ein stattlicher Engel herbei, hebt den Chormantel des Heiligen an, als assistiere er einer heiligen Handlung. Ein mystisches Geschehen vor himmlisch leuchtendem Hintergrund, das zugleich von einer Schar gegenwärtiger Engel gefeiert wird. Nach der Lebensbeschreibung hatte sich Hermann bei seiner geliebten Mutter, die er seine »Rose« zu nennen pflegte, darüber

Abb. 60 Mystische Vermählung; Kopie eines Gemäldes von Anton van Dyk, 1630

beklagt, daß die Mitbrüder ihn mit dem Namen »Josef« hänselten, womit sie seine Einfalt zu bezeichnen pflegten. Maria indes klärt ihren Erwählten über die höhere Bedeutung des Namens auf, vermählt sich mit Hermann als ihrem zweiten Bräutigam, worauf dann der Mönch in der Vita fortan nur noch als Josef bezeichnet wird, während sich allgemein seitdem der Name Hermann Josef eingebürgert hat.

Die Tafel des Auferstehungsaltars am nordöstlichen Pfeiler des zweiten Joches ist, offenbar einem Vorgängeraltar entnommen, in den barocken Seitenaltar eingepaßt. Sie wird der Schule des Jan van Scorel zugeordnet. Im unteren Bildteil schildert das Gemälde, wie die Soldaten und Wächter von der Auferstehung Jesu überrascht werden. Unterhalb des Auferstandenen wird ein Soldat förmlich durch die Luft geschleudert, ein anderer schläft, ein dritter lehnt sich fassungslos an seinen Fahnenschaft und ein vierter am linken Bildrand ergreift panikartig die Flucht. Weitere Fliehende mit Gebärden höchster Erregung erkennt man im linken Bildhintergrund. Der siegreich Auferstandene schwebt dagegen in innerer Ruhe über dem leeren Grab, in der Rechten die Palme, in der linken die Fahne. Felsen und emporragende Bäume bilden den Rahmen. Im Hintergrund erglüht die Morgenröte über der fernen Stadt, nicht nur einen neuen Tag, sondern neues Leben verkündend.

Oben im kleinen Auszugblatt wird die Emmausszene geschildert. Helles Licht läßt das Antlitz des Herrn erstrahlen und fällt auch auf den mit Brot und Wein gedeckten Tisch. Christus segnet die Gaben. Die Jünger erkannten ihn, als er das Brot brach.

Das Hauptblatt des südlich gegenüberliegenden Altars dürfte einst die Kreuzigung dargestellt haben. Es wurde später durch ein Marienbild ersetzt, das in der Art des Murillo gemalt ist.

DIE KANZEL

Am nördlichen Pfeiler zwischen dem zweiten und dritten Joch ist die mächtige Kanzel angebracht. Zuvor gab es eine gotische Kanzel, deren Formen der gotischen Lettnertür verwandt sind, diese wird heute im Prälaturflur aufbewahrt. Die neue Barockkanzel besteht aus dem Korb und dem Schalldeckel. In den Nischen des Korpus wurden die Figuren der Evangelisten aufgestellt. Der Schalldeckel besteht aus drei Teilen, dem Deckel, der darüber aufragenden Laterne und der bekrönenden Statue des Erzengels Michael. In den Nischen der Laterne haben die Figuren der Kirchenväter – Hieronymus, Gregor der Große, Augustinus und Ambrosius sowie des Kirchenlehrers Thomas von Aquin Platz gefunden.

Der Predigt hatten die Prämonstratenser seit den Tagen ihres Gründers besondere Beachtung geschenkt, mit der Gegenreformation konnte sie an Bedeutung nur noch hinzugewinnen. Wie bekannt, widmeten sich die Chorherren weniger der theologischen Spekulation als der praktischen

Abb. 61 Auferstehung, Altarblatt, der Schule Jan van Scorels zugeordnet

Abb. 62 Kanzel, Detail des Schalldeckels

seelsorgerischen Arbeit. Besondere Kanzelredner sind uns aus Steinfeld nicht überliefert, aber ein anderes Werk christlicher Unterweisung sollte eine die Jahrhunderte überdauernde Bedeutung erhalten: die Handpostille des Steinfelder Chorherrn Goffiné, die seit ihrem ersten Erscheinen unzählige Auflagen erlebt hat und noch in jüngster Zeit in christlichen Familien in Gebrauch war. In ihr wird der Inhalt christlichen Glaubens an Hand der sonntäglichen Liturgie erklärt und den Gläubigen praktische Anleitung zum Glaubensleben erteilt.

DER MAGDALENEN-ALTAR

Die Altäre in der Basilika, im Krankenhaus und in der Andreaskirche waren noch zu Ende des 18. Jahrhunderts weit zahlreicher als sie es heute sind. Die Einzelzelebration der Chorherren machte dies auch notwendig. Erhalten ist noch in der Vorhalle der Magdalenenaltar, auch von Michael Pirosson.. Die Hauptfigur stellt Magdalena dar, ein Salbgefäß in der Hand. Sie war die erste Zeugin des auferstandenen Herrn; in aller Frühe eilte sie am Ostermorgen zum Grabe, um den Toten zu salben, und fand das leere Grab. Sie wandte sich ratlos an einen

Abb. 63 Kanzel, angefertigt unter Abt Matthias Kuell, 1693-1732

Abb. 64 *Altar der hl. Magdalena in der Vorhalle von Michael Pirosson, 1720*

Des
ehrw. P. Leonhard Goffine
christkatholische Handpostille
oder
Unterrichts- u. Erbauungsbuch.
Mit Meß-Erklärung u. Gebeten,
Beschreibung von Jerusalem u.
Anhang v. Alban Stolz.
Mit Approbation des hochw. Herrn
Erzbischofs von Freiburg.
Freiburg im Breisgau.
Herder'sche Verlagshandlung.
Zweigniederlassungen in Strassburg, München und St. Louis, Mo.

Abb. 65 Titelblatt aus der Handpostille des Steinfelder Chorherren Leonhard

Mann, den sie für den Gärtner hielt. Als der Angesprochene sie mit ihrem Namen nannte, erkannte sie ihn. Darum sehen wir im Obergeschoß Christus als Gärtner mit der Schaufel. Die Aufstellung des Magdalenenaltars in der Vorhalle der Kirche findet ihre Erklärung auch darin, daß Maria von Magdala als reumütige Sünderin und Büßerin verehrt wurde. Und der Platz der Büßer in der Kirche war im Mittelalter die Vorhalle.

DAS HERMANN-JOSEF-GRAB

Hermann Josef wurde bei seiner Überführung nach Steinfeld, sechs Wochen nach seinem Hinscheiden zu Hoven/Zülpich, in ein Bodengrab unter der Arkade zwischen Mittel- und südlichem Seitenschiff des ersten Joches gelegt. Unter Abt Johann V. (1501–1509) wurde das Grab in den Gang des Mittelschiffs verlegt. Hermann Josef fand seine Ruhestätte über dem Grab des Grafen Theoderich von Are, des Erneuerers des Steinfelder Klosters. Abt Michael Kuell (1693–1732) ließ 1701 ein Hochgrab aus Urfter Marmor errichten.[37] An der Stirnseite dieses Sarkophags lesen wir in lateinischer Sprache die Inschrift: »Die heiligen Gebeine des seligen Hermann Josef, des Bekenners und Bräutigams der heiligen Jungfrau Maria, Kanoniker und Priester dieser Kirche.« 1732 wurde die Tumba mit einer liegenden Hermann-Josef-Figur aus Alabaster vervollständigt. Der Heilige,mit priesterlichen Gewändern bekleidet, hält im rechten Arm die Lilie, Symbol seines unschuldigen, ganz der himmlischen Liebe geweihten Lebens, im linken das göttliche Kind, dem er sich in zarter Zuneigung zuwendet. Der Jesusknabe erwidert diese Liebe mit geradezu spielerischer Vertrautheit. Der fromme Mann hatte bis in sein hohes Alter die anfängliche Liebe, die er als Kölner Knabe schon empfunden hatte, bewahrt.

Die festliche Ausstattung des Hermann-Josef-Grabs steht gewiß im Zusammenhang mit

Abb. 66 und 67
Grab des hl. Hermann-Josef, 1701;
Unten: Detail der liegenden Figur, 1732

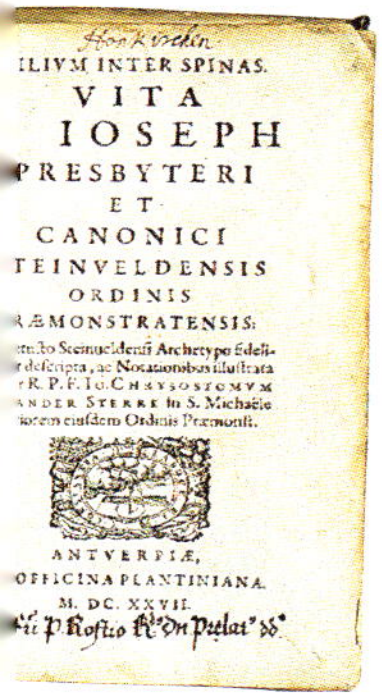

Abb. 68
VITA B. JOSEPH PRESBYTERI ET CANONICI STEINVELDENSIS ORDINIS PRAEMONSTRATENSIS – *Lebensbeschreibung des hl. Hermann Josef*

neuen Bemühungen des Ordens, in Rom die Heiligsprechung des Seligen zu erreichen. Dieser Wunsch wurde aber erst 1960 Wirklichkeit, wobei die Bemühungen der Aachener Diözese unter Federführung des Prälaten J. Brosch besondere Anerkennung verdienen.
Jährlich zur Hermann-Josef-Festwoche vom 7. Sonntag der Osterzeit bis zum Pfingstmontag wird die Tumba geöffnet und der hölzerne Schrein entnommen, in Prozession zum Hermann-Josef-Altar getragen und dort zur Verehrung durch die Gläubigen aufgestellt.

DAS LEBEN HERMANN JOSEFS

Über das Leben Hermann Josefs sind wir durch eine Lebensbeschreibung in lateinischer Sprache unterrichtet, die ein namentlich nicht genannter Mitbruder unmittelbar nach seinem Tod verfaßt hat. Diese handschriftliche Vita wurde im Druck 1627, ebenfalls lateinisch, von dem Prämonstratenser Joh. Chrysostomus van der Sterre zu Antwerpen herausgegeben. Nachdem sie bereits in verschiedene Sprachen übersetzt war, hat ein Steinfelder Mönch 1748 in Köln ohne Angabe seines Namens eine Übersetzung in deut-

Abb. 69
Szenen aus dem Leben des hl. Hermann Josef von Steinfeld: Hermann reicht der Muttergottes den Apfel

Abb. 70
Der Knabe Hermann wird gewürdigt, mit dem Jesuskind zu spielen. Aquarelle von L. Krause

scher Sprache herausgebracht mit dem Titel: »Leben und Wunderwerck des heiligen Hermanni Josephi...«[38]

Der Heilige wurde etwa um das Jahr 1150 in Köln geboren und auf den Namen Hermann getauft. Schon als Kind habe er der Muttergottesstatue einen Apfel gereicht, den die himmlische Mutter huldvoll angenommen habe.[39] Eine Madonnenstatue in St. Maria im Kapitol bewahrt bis heute die Erinnerung an diese Begebenheit, und auch der Hermann Josef-Brunnen am Waidmarkt in Köln von 1894 stellt diese Szene dar. Als 12jähriger trat er in das Kloster Steinfeld ein, verweilte kurze Zeit studienhalber im Kloster Mariengarden, bei Leeuwarden in Friesland, das 1163 durch den Pastor von Hallum, Friedrich Feiko, gegründet worden war, und verbrachte dann sein ganzes Ordensleben in der Abtei Steinfeld. Große Taten können von ihm nicht berichtet werden. Er diente seinen Mitbrüdern im Speisesaal und in der Sakristei. Er verstand sich darauf, mechanische Uhren herzustellen und Uhren zu reparieren und war deshalb als »Fachmann« weit gefragt. Aus seiner priesterlichen Tätigkeit werden vor allem seine Seelsorgsgänge zu Schwesterngemeinschaften hervorgehoben. Mit einigen Schwestern pflegte er eine tiefere geistliche Verbundenheit. Während seine Mitbrüder, wie berichtet wird, gelegentlich auf Grund seiner Einfachheit ihren Spott mit ihm trieben, stand er wegen der Heiligkeit seines Lebens bei Schwestern, aber auch beim christlichen Volk und schließlich auch in seiner Abtei in hohem Ansehen.

Der Heilige war ein großgewachsener Mann von sehr freundlicher Wesensart, die ihm die Herzen der Menschen und vor allem der Kinder aufschloß. Sein eigentlicher Ruhm ist die mystische Erwählung,[40] die ihm zuteil wurde. Er pflegte vertrauten Umgang mit der Gottesmutter, mit Engeln und Heiligen. Seine Gottesverehrung und seine innige Liebe zur Gottesmutter hat literarischen Niederschlag gefunden in einer Reihe von lateinisch verfaßten Gedichten, Hymnen und Gebeten. Das berühmte dem heiligen Hermann Josef zugeschriebene Herz-Jesu-Lied »O Herz des Königs aller Welt«wird heute noch in der Fassung Paul Gerhards in der Kir-

Abb. 71 Barockstatuen aus dem 1. Drittel des 18. Jh.: hl. Franz von Assisi, hl. Augustinus und hl. Bruno

che gesungen. Er habe auch einen Kommentar auf das Hohelied verfaßt, der aber nicht überliefert ist.
Hermann Josef starb 1241 hochbetagt während eines Seelsorgsganges im Kloster Hoven bei Zülpich. Schon die Überführung nach Steinfeld glich einer Prozession, die eine große Anzahl von Heilungen bewirkte. – Hermann Josef hat selbstverständlich vor allem im Prämonstratenserorden, aber auch weit darüber hinaus große Verehrung erlangt. Man sah in ihm besonders ein Vorbild des beschaulichen Lebens. Aber er wird auch als Patron der Jugend verehrt. Die Hermann Josef-Verehrung ist in der Steinfelder Basilika ungebrochen lebendig.

DIE BAROCKSTATUEN

Im ersten Drittel des 18. Jahrhunderts wurde eine Anzahl Statuen von Ordensgründern aufgestellt. In der Kirche befinden sich heute Franz von Assisi (begann 1209 Brüder um sich zu versammeln, die wie er nur das Evangelium und die Armut leben wollten; starb 1226), Augustinus (wurde durch Ambrosius zum Christentum bekehrt, empfing 387 die Taufe, wurde 391 zum Priester geweiht, wurde Bischof von Hippo und verstarb dort 430) und Bruno (um 1030 in Köln geboren; gründete 1084 die erste Kartause, 1091 die Kartause La Torre; starb 1101) als Dreiergruppe an der Wand des südlichen Querhauses und Norbert an der gegenüberliegenden Wand über der Sakristei. Neben dem Südportal steht am Ende des rechten Seitenschiffs Benedikt. Andere Figuren sind heute im Kreuzgang auf-

Abb. 72 Orgelprospekt des Prämonstratensers Michael Pirosson, 1678, über dem spätgotischen ehemaligen Lettner von 1480

Abb. 73 König-Orgel, 1727, ein besonderes Juwel der Steinfelder Basilika

gestellt; Bernhard von Clairvaux (um 1090 geboren; gründete 1115 Clairvaux und starb 1153; er wurde 1174 heiliggesprochen), Dominikus (um 1175 geboren, gründete 1215 den Predigerorden, starb 1221 in Bologna; wurde 1234 heiliggesprochen), Philipp Neri († 1595) und Ignatius von Loyola (lebte 1491–1556, gründete den Jesuitenorden; wurde 1622 heiliggesprochen), also alles Ordensstifter. Als Vertreter der »streitenden Kirche« (im Unterschied zur »leidenden« in der Grotten und zur »triumphierenden« in der Kuppel) haben sie bekanntlich im Petersdom zu Rom in den Nischen der Pfeiler ihren Platz gefunden. In Steinfeld dürfte der gleiche Gedanke zugrunde liegen: In der einen Kirche fühlt sich der Orden mit den anderen Ordensgründungen, repräsentiert durch ihre Gründer, verbunden. – Die überlebensgroßen Standbilder sind in heller, fast weißer Farbe gefaßt und weisen sparsame goldene Verzierung auf. Die Gebärden sind weniger dramatisch als die der barocken Statuen des Hochaltars; sie wirken fast statuarisch.

DIE ORGEL

Der Lettner, der Kirchenschiff und Chor voneinander trennt, befand sich unter dem ersten Gurtbogen. Das Chorgestühl erstreckte sich über drei Joche. Der spätgotische Lettner von 1480, der bereits Platz für eine Chororgel gewährt haben dürfte, wurde schon 1509 nach rückwärts verlegt und zur Empore für ein neues Orgelwerk umgestaltet.

Um 1600 hat vermutlich Floris Hoque (Brabant) die erste große Orgel (mit 17 Registern) gebaut, von der eine Quelle rühmt, daß sie mit allen Orgeln der Domstadt Köln, mit Ausnahme der Domorgel, wetteifern konnte. 1678 errichtete Michael Pirosson, 1645 in Wehr geboren, seit 1683 Mitglied des Prämonstratenserordens in Steinfeld, ein neues achtfüßiges Hauptwerksgehäuse mit schwerem Barockdekor, dem nach 1720 der Chorherr Norbert Windheiser ein Rückpositivgehäuse und zwei Pedaltürme in der Emporenbrüstung hinzufügte. Unter Verwendung der alten Pfeifenbestände (16 Register) vollendete Balthasar König aus Münstereifel 1727 ein Orgelwerk mit 29 Registern. Die mit Holzattrappen versehenen Pedaltürme erhielten erst 1879 selbständige Pedalregister. In den Jahrzehnten nach der Aufhebung der Abtei 1802 wurden die Schäden an der Orgel immer größer, aber für notwendige Reparaturen fehlten die Mittel, im Grunde ein Glücksfall, denn so blieb die Orgel in ihrer Substanz unverändert. Während der umfangreichen Wiederherstellungsarbeiten an der Basilika in den Jahren 1920-1936 wurde die Orgel durch die Firma Klais auf 46 Register erweitert. Nach 1977 wurde die Orgelbaufirma J. Weimbs aus Hellenthal mit der Restaurierung beauftragt. Ihr gelang es, die Orgel in ihren ursprünglichen Zustand von 1727 zurückzuversetzen. Die Orgel genießt heute in Fachkreisen, was Spieltechnik und Klang betrifft, weltweiten Ruf. Mit 35 Registern und 1956 Pfeifen besitzt die Basilika Steinfeld die größte noch erhaltene dreimanualige historische Orgel des Rheinlandes.

Abb. 74 Krankenhaus mit angebautem Karzer, 1481, und Wasserturm, um 1900

Die Klostergebäude

DAS ALTE KRANKENHAUS

Von den romanischen Klostergebäuden ist so gut wie nichts mehr erhaltengeblieben. Im Jahre 1481 wurde an der Nordostseite der Klostersiedlung das Krankenhaus erbaut. Als 1661 an anderer Stelle ein neues Krankenhaus aufgeführt wurde, diente es als Bibliothek des

Klosters.[41] Es handelt sich um einen zweigeschossigen Bau mit vier querrechteckigen Jochen. »Protoromanische« Säulen, die wenig später auch im Ostflügel des Kreuzgangs verwendet wurden, tragen ein gotisches Kreuzgratgewölbe. Heute dient das Erdgeschoß des alten Krankenhauses als Hauskapelle des Klosters. Die frühere Apsis wurde wiederhergestellt. Das Obergeschoß, das 1981 renoviert wurde, ist seither Schülerkapelle. Um 1900 wurden in das alte gotische Maßwerk des Ostfensters neue Glasmalereien eingefügt, die in den drei Hauptbahnen die Kreuzigung Jesu und in den oberen Scheiben den hl. Hermann Josef als Knaben mit dem Apfel und den hl. Aloysius von Gonzaga darstellen.

Abb. 75 Erdgeschoß des Krankenhauses von 1481, heute Klosterkapelle

Abb. 76 Glasfenster (um 1900) in der ehem. Klosterbibliothek im Obergeschoß des Krankenhauses

Abb. 77 Süd- und Ostflügel des Kreuzgangs, um 1500 neu errichtet

DER KREUZGANG

Der Kreuzgang ist mit der Basilika entstanden und bildet mit ihr eine architektonische Einheit. Vom ursprünglichen romanischen Kreuzgang sind nur noch die Säulen im Brunnenhaus und die große Schale erhalten.[42] Gegen Ende des 15. Jahrhunderts wurde der Kreuzgang neu errichtet. Die Fenster sind noch in gotischem Stil gebildet. Auch der Ostflügel hat noch gotischen Charakter. Ähnliche Formen an Fenstern und Säulen finden sich auch, wie bereits erwähnt, im zweigeschossigen Krankenhaus von 1481. Im Südflügel treten an die Stelle gotischer Säulen konkave Pilaster. Die Schlußsteine in den Gewölben werden schlichter und klarer. Der Baustil geht von der Spätgotik in die Renaissance über. Der Westflügel ist auffallend einfach gestaltet. Die Säulen fallen weg, und die Dienste für die Wölbung ruhen schlicht in der Wand. Der Nordflügel zeigt dann wieder stärkere architektonische Gliederungen. Dieser Wandel der Stilformen ist natürlich nicht willkürlich, sondern steht im Zusammenhang mit der Funktion der einzelnen Flügel. Der Kreuzgang war die innere Mitte des Klosters. Er verband das Gotteshaus mit den übrigen Klosterräumen: mit dem Kapitelsaal und dem darüber befindlichen Schlafsaal im Osten; mit dem Speisesaal und der Küche im Norden und mit der »Welt« im Westen. Der Ostflügel wirkt geradezu sakral. – Nur den Treppenaufgang vom Kreuzgang in das Dormitorium kann man noch erkennen.

Der Westflügel weist neben den einfachen architektonischen Formen noch eine Besonderheit auf. Er ist doppelt angelegt. Zwei Flure laufen parallel, der innere, zum Kreuzgang gehörige, und der äußere, den Westbauten zugeordnete. Diese Westbauten, die in der heutigen Form aus späterer, barocker Zeit sind, dienten der Klosterverwaltung, stellten also die Verbindung des Klosters mit der »Welt« dar. Sie wurden daher Prälatur genannt, waren Wohn- und Verwaltungssitz des Prälaten, des Abtes. Der doppelte Westflur bot die Möglichkeit, daß die weltlichen Geschäfte so abgewickelt werden konnten, daß die innere klösterliche Ruhe und Sammlung nicht gestört wurden.

Die vier Kreuzgangflügel umgeben einen Lichthof, in dessen Mitte sich eine Zisterne befindet. Noch heute wird das Wasser von den Dächern in ihr gesammelt und zu weiterem Gebrauch verwendet. Das Brunnenhaus erhielt mit dem erwähnten Umbau zum erstenmal eine Zuleitung von fließendem Wasser.

Der Kreuzgang zu Steinfeld verfehlt bis heute nicht seine Wirkung auf die Besucher, aber sie wäre noch ein Vielfaches größer, wäre er nicht seines bedeutendsten Kleinods beraubt. Gleich nach Fertigstellung der Fenster wurde mit ihrer

Abb. 78 Ostflügel des Kreuzgangs mit alten Bodenplatten

Buntverglasung begonnen, so daß sich die Vermutung aufdrängt, daß die Ausstattung mit Glasgemälden das wichtigste Motiv für den Umbau gewesen sein dürfte. Die Scheiben sind thematisch geordnet, und man darf annehmen, daß mit dem Beginn der Verglasung ein fest umrissenes Programm vorgelegen haben dürfte. Das erste Fenster befindet sich an der nordwestlichen Seite des Refektoriumsflügels. (Dabei ist die Fensterausstattung zum architektonischen Umbau verschoben. Der Umbau hatte in der Nordostecke begonnen, und der Nordflügel war als letzter vollendet. Beide aber, Umbau und Ausstattung verliefen im Uhrzeigersinn.) Das erste Fenster stellte den Engelsturz und die Erschaffung des ersten Menschenpaares dar. Dann folgten Darstellung aus dem Marienleben und der Kindheitsgeschichte Jesu. Das folgende Bildprogramm war dem öffentlichen Leben des Herrn, seiner Passion und Auferstehung gewidmet. Jedes Fenster teilte sich auf in Haupt-, Sockel- und Bogenscheiben. Die Hauptscheiben ergaben eine Bilderbibel der Heilsgeschichte. Die Bogenscheiben stellten die jeweiligen Beziehungen zu alttestamentlichen Stellen her. In den Sockelscheiben haben sich

Abb. 79
Brunnenhaus

Abb. 80
Portal zum ehem. Kapitelsaal im Ostflügel des Kreuzgangs

die Stifter mit ihren hl. Patronen selbst dargestellt. Eine ganze Theologie war mit einer ungeahnten Fülle von Details in diese Glasgemälde verarbeitet. Der kunstgeschichtliche Rang der Fenster war außerordentlich. Die Glasmaler verwendeten Motive großer Maler als Vorlagen. Die Kunst eines Raffael und Dürer, um nur die größten zu nennen, findet hier ihren Nachhall. Mit der Aufhebung des Klosters war auch der großartige Schatz der Glasgemälde in Vergessenheit geraten. Es dauerte über ein Jahrhundert, bis der Heimatforscher Pfarrer Nicola Reinartz aus Kreuzweingarten ihre Spur wiederfand. Die Geschichte ihrer Wiederentdeckung – und damit auch ihres Verbleibens – gleicht einem Abenteuer. Kurz, noch bevor das Unheil der Säkularisierung über das Kloster hereinbrach, hatte der letzte Abt, um den Kreuzgang zu renovieren, die Glasgemälde entfernen und in dafür seit je vorbereitete Kisten verpacken lassen. Nach der Restaurierung schienen ihm und den Steinfelder Herren die dunklen bunten Scheiben nicht mehr zeitgemäß. Um helleres Licht zu gewinnen, ließ er klare Scheiben einsetzen, und die alten Glasgemälde blieben in ihren Kisten. Man wird einräumen dürfen, daß das Ausbauen und Verstauen der Scheiben, das wegen Kriegsgefahr und aus Renovierungsgründen wiederholt geschehen mußte, für den Zustand der Scheiben nicht förderlich war. Die so verstauten Glasgemälde kamen 1802 mit in die Versteigerungsmasse. Ein Kölner Weinhändler, den die Ironie der Zeit zum Konservator ernannt hatte, hat die Scheiben nach

Abb. 81 Hl. Apostel Simon mit Armreliquiar, Sockelscheibe aus den Glasmalereien des Kreuzgangs

Abb. 82 Lichthof oder Quadrum des Kreuzgangs

England verkauft, wo sie, ohne viel Rücksicht auf ihre ursprüngliche Bestimmung und ihren inhaltlichen Zusammenhang, neu und oft willkürlich verwendet wurden. Ein großer Teil der Steinfelder Scheiben fand sich in der Kapelle eines englischen Lords wieder. Von ihm hat sie das Victoria und Albert Museum in London ersteigert. Dort befinden sie sich noch heute. Weitere Scheiben wurden neuerdings verstreut in verschiedenen englischen Kirchen gefunden. Nur eine Sockelscheibe ist nach Steinfeld zurückgekehrt. Sie stellt den hl. Apostel

Abb. 83 Hauptportal des Klosters; Zugang zum Klosterinnenhof, zum Gymnasium, zur Buchhandlung und zu den Wirtschaftsgebäuden

Simon dar, der einen Glasschrein mit seiner eigenen Armreliquie trägt. Diese eine Scheibe vermag dem aufmerksamen Beschauer einen Eindruck von der Herrlichkeit zu vermitteln, die Steinfeld für immer verlorengegangen ist.

DIE BAROCKBAUTEN DER ABTEI

Mit der Barockzeit begann eine neue Epoche umfangreicher Bautätigkeiten. In gut hundert Jahren wurden die Abteigebäude völlig neu errichtet.
Wir folgen in unserer Beschreibung dem Weg, wie ihn der heutige Besucher geht (auch wenn wir dabei den geschichtlichen Gang ein wenig verlassen).
Das Hauptportal besteht aus einem großen Bogentor und zwei kleineren Seitentoren. In den Nischen weisen eine Marien- und eine Norbertstatue auf die Patrone des Klosters hin.[43] Geradeaus führt der Hauptweg über den großen Kastanienhof, wie die Anlage wegen ihres heutigen Baumbestandes genannt wird – ursprünglich waren hier Fischteiche, die von natürlichen Quellen gespeist wurden – zum Klosterinnenhof. Drei der Hoftore werden heute noch benützt: (Abb. 85 v.l.n.r.) das Tor des Gymnasiums, das früher in den »Abtsgarten« führte, das Viehhoftor, das sich auf unserem Bilde links eröffnet, und das nördliche »Innere Tor« zum Innenhof des Klosters (1772). Der innere Torbau ist ein Risalit; über dem Tor in einer Nische ein Barockfigürchen des heiligen Hermann Josef.[44] Das vierte und fünfte Tor, beide zur Basilika hin gelegen, sind wohl wegen

des alten Gemeindefriedhofs, der dort nach Aufhebung der Abtei angelegt wurde, vermauert. Die Wiederherstellung der fünftorigen symmetrischen Vorhofanlage wäre ein Desiderat der Zukunft.

Beim Hindurchschreiten durch das innere Tor begrüßt uns im Scheitel des Torbogens eine freundliche Maske, während beim Hinausgehen eine weniger freundliche uns verabschiedet. Wir gelangen in den Innenhof, der nach Art eines barocken Ehrenhofes gestaltet ist.

Der südliche Flügel wurde zuerst, und zwar als neues Krankenhaus errichtet; er dient heute der Klosterverwaltung. Die Maueranker sind Initialen, die sich folgendermaßen ergänzen lassen: I(ncepit) N(orbertus) H(orrichem) J(ohannes) L(uckenrath) A(bbas) F(inivit) I(nfirmitorium) I(stud): Norbert Horrichem begann und Abt Johannes Luckenrath vollendete dieses Krankenhaus. Die Buchstaben HJK weisen auf den Baumeister Hermann Josef Klinkhammer hin; die Jahreszahl 1661 gibt das Datum der Fertigstellung des Gebäudes an.

An der Ostseite befindet sich im mittleren Flügel, 1738 von Leonhard Eggen errichtet, das Hauptportal des Klosters; in der Nische dar-

Abb. 84 Innenhof, auch Ehrenhof genannt. Hauptflügel mit Klosterpforte; „neues Krankenhaus", heute Klosterverwaltung, und Prälatur

Abb. 85 Tor zur Viehgasse mit Zugang zur Aula, zum Schwimmbad und zum „Schafstall". Rechts Kastanienhof mit innerem Torbau

Abb. 86 Statue des Ordensgründers der Salvatorianer, P. Franziskus M. vom Kreuze Jordan, von F. Seeboeck, 1941

über eine barocke Statue des Salvators.[45] Im Pfortenraum werden zwei barocke Tafelbilder aufbewahrt, von denen eines den hl. Norbert, das andere den hl. Hermann Josef darstellt. An der Wand sind Takenplatten befestigt, die zugleich als Erinnerung daran dienen sollen, daß das Kloster eigene Eisenhütten betrieb. – Von einer Stele, Arbeit des Salvatorianers P. Franz Prentke, blickt Pater Jordan, Gründer der Gesellschaft des Göttlichen Heilandes, den Eintretenden entgegen.
Der nördliche Flügel beherbergte die ehemalige Prälatur. Abt Evermodus Claessen (1767-1784)

Abb. 87 Steinfelder Takenplatte in der Klosterpforte, 15. Jh.

Abb. 88 Innerer Torbau mit dem „Franziskus-Jordan-Haus“ und der Jordanstatue

ließ ihn von dem Prämonstratenser Konrad Neck aus Südtirol erbauen. An den architektonischen Formen ist die Entwicklung zu immer vollkommeneren Bauten abzulesen. In der inneren Ausstattung dieses prachtvollen Flügels vollzieht sich die Wandlung zum Rokoko.

Den Hauptgebäuden des Innenhofs der Abtei gegenüber wurden 1768-1769 weitere Gebäude errichtet, die dazu dienten, den Ehrenhof zu vervollständigen und abzuschließen. Ihre genaue Bestimmung ist nicht bekannt. Möglicherweise dienten sie der Gutsverwaltung. Heute werden sie unter dem Namen »Franziskus-Jordan-

Abb. 89 Nordflügel des Innenhofs; im Risalit Eingang zum Internat

Haus« als Bildungshaus und Tagungsstätte und als Sitz der »Akademie Steinfeld« verwendet. In der Nähe des Eingangs eine Statue Jordans, von Ferdinand Seeboeck 1941 in Rom geschaffen und 1981 in Bronze gegossen; Helmut Moos gestaltete dafür den Sockel.

Der Nordflügel des Innenhofs wird von Patres und Brüdern bewohnt. Ursprünglich soll er für die Laienbrüder bestimmt gewesen sein. Der Risalit dient heute als Eingang zum neuen Internat, dessen Gebäude sich nordwärts erstrecken. Links neben dem Internatseingang befinden sich die Räume des PA-Büros (Büro für die Verwaltung des Hilfswerks »Priesterausbildung«) und der Redaktion für die »Salvatorianischen Mitteilungen«.

Durch den Bogen im nordwestlichen Winkel führt der Weg in den Aulahof. Hier befanden sich ehemals Wirtschaftsräume und Stallungen. Nach der Aussiedlung der Pferde-, Kuh- und Schweineställe öffnete man die Arkaden der Stallgebäude und richtete im nördlichen Teil die »Cafeteria« ein. Von hier aus gelangt man in die Aula des Hermann-Josef-Kollegs.

Das nordöstliche, tiefer gelegene Tor des Klosterinnenhofs führt über den »Schreinerhof« in die östlichen Gartenanlagen des Klosters. Hier erblickt man das ehemalige Krankenhaus mit dem alten Karzer und den modernen Wasserturm.

Wir kehren zum Kastanienhof zurück. Das Tor der »Viehgasse« gibt den Weg frei in die nördlich gelegenen Teile der Klosteranlage. Wie durch einen tiefen Graben gelangt man an den Grundmauern der ehemaligen Stallgebäude vorbei zum Platz an der Klosterlinde. Dort befinden sich die Zugänge zum Schafstall, zum

Abb. 90 „Schafstall", ehem. Wirtschaftsgebäude, heute Festsaal des Klosters und des Internats; im Hintergrund Gebäude des neuen Internats

Abb. 91 Viehgasse und Viehgassentor

Abb. 92 Gebäude des Gymnasiums, 1958-85 neu errichtet, rückwärtige Ansicht; links im Erdgeschoß die Schwimmhalle, im Obergeschoß die Aula

Schwimmbad, zur Tennisplatzanlage und zum rückwärtigen Gymnasium.
Als die Salvatorianer 1923 Kloster Steinfeld zunächst für 30 Jahre in Pacht übernahmen – sie haben es dann 1953 käuflich erworben, fanden sie eine Anlage vor, die in der Substanz noch ganz erhalten war – ein seltener Glücksfall in der Geschichte der Klosteraufhebungen. Sie verlegten ihre Spätberufenenschule von Klausheide bei Paderborn in die Räume der alten Abtei. Umfassende Renovierungsarbeiten waren notwendig, die fast allein mit eigenen Kräften durchgeführt wurden. Die Schule wurde zu einem internen Gymnasium erweitert. Die Oberstufenklassen setzten ihren Bildungsgang bis zum Abitur an der Auslandsschule der Salvatorianer in Lochau bei Lindau am Bodensee fort. Die hoffnungsvolle Aufbauarbeit wurde durch den Nationalsozialismus gewaltsam unterbunden. Beide Schulen wurden geschlossen.
In den letzten Kriegsjahren wurde Steinfeld Lazarett; die Toten hat man auf dem Soldatenfriedhof bestattet. Glücklicherweise hat das Kloster fast keine Kriegsschäden erlitten. Sofort nach Kriegsende bemühte sich der Orden, das Gymnasium zu erweitern und auszubauen. Seit 1958 wurden im früheren »Abtsgarten« – die alte Mauer ist noch erhalten – die Schulgebäude errichtet. 1961 wurde der erste Jahrgang zum Abitur geführt. Heute zählt das Gymnasium fast 700 Schülerinnen und Schüler. Dem Kolleg ist ein Jungeninternat angeschlossen.
Unser Bild (Abb. 92) zeigt den zuletzt vollendeten Gebäudekomplex (1985) des Gymnasiums. Links im Hintergrund im Erdgeschoß die Schwimmhalle, im Obergeschoß die Aula. Neben der Klosterlinde erhebt sich ein altes Wirtschaftsgebäude. In den Gewölberäumen des Erdgeschosses, die von einer früheren Bestimmung den Namen »Schafstall« behalten haben, feiern Schüler und Gäste ihre Feste. – Weiter links im Hintergrund ein Teil der modernen Internatsgebäude. – Das nördlich gelegene Klostergelände wurde früher für den Gartenbau benutzt; heute ist es eine ausgedehnte Ruhezone für Erholung Suchende.

SALVATORIANER

Die Salvatorianer haben, seit sie sich in Steinfeld niedergelassen haben, neben den Aufgaben in Schule und Internat die Pfarrseelsorge übernommen. Sie leisten im Umfeld von Steinfeld Aushilfsseelsorge und stellen ihre Dienste in der Zeit des Priestermangels bereitwillig zur Verfügung. An den Gottesdiensten nehmen nicht nur die Pfarrangehörigen, sondern darüber hinaus ein großer Besucherkreis teil. Die religiöse und kulturelle Bedeutung des »Eifelklosters« verpflichtet zu vielerlei Diensten und Aufgaben. Seit der Orgelrestaurierung haben musikalische Vespern immer größere Bedeutung erlangt. Das Hermann-Josef-Fest wird am 7. Sonntag der Osterzeit jährlich feierlich veranstaltet. Unmittelbar nach Ende des Zweiten Weltkriegs wurde 1945 das »Eifeler Musikfest« in Steinfeld eingeführt, damals vor allem unter Mitwirkung der Aachener Dommusik.

Zur Erinnerung an das 13. Generalkapitel der Salvatorianer, das 1981 in Steinfeld stattfand, wurde durch den Bonner Künstler Helmut Moos im Torbogen zum Klosterinnenhof eine Gedenktafel angebracht. Alle anderen Generalkapitel, mit Ausnahme des 3. Kapitels 1915 in Freiburg/Schweiz, waren bis dahin in Rom abgehalten worden. Der mittlere Teil der Tafel stellt den Auszug der Kapitulare aus der Basilika dar. Der Text beschreibt die Zielsetzung salvatorianischen Lebens:

IN DER NACHFOLGE JESU CHRISTI, GEMÄSS DEN IDEEN UND DEM GEIST DES GRÜNDERS, ERNEUERTE DAS KAPITEL DEN AUFTRAG DER GESELLSCHAFT, ALLEN ALLES ZU WERDEN, ZU RETTEN, ZU HELFEN, ZU HEILEN, WO MENSCHLICHE NOT

Abb. 93 Erinnerungstafel an das Generalkapitel der Salvatorianer, 1981, von H. Moos

NACH HILFE VERLANGT, UND IN EINER ZEIT, DER FRIEDLOSIGKEIT, UNGERECHTIGKEIT, GEWALT UND GOTTESFERNE DAS REICH JESU CHRISTI ZU ERBAUEN.

Auch das »Schild« am Eingang zum Steinfelder Hermann-Josef-Kolleg stammt von Helmut Moos: Über unwegsamer Scholle rundet sich ein Regenbogen, Symbol für den Segen, der uns durch unseren Heiligen von Gott zuteil wird.

EINE NEUE TÜR IM STEINFELDER WESTWERK

1992 wurde die neue Bronzetür von Helmut Moos im Steinfelder Westwerk fertiggestellt. Sie stellt einen Bildteppich dar, der dem Betrachter von unsichtbaren Händen entgegengehalten wird. Dem Grund des Teppichs entsprießen Zweige, die mit reichem Blattwerk in die Höhe streben. Inmitten dieses Zweig- und Blattwerks reicht sich ein Paar – Liebende? Adam und Eva? – die Hände.

In der oberen Hälfte des Teppichs – ein ausgespartes Feld. Zweige und Blätter sind verdorrt. Nur noch einige Zweiggerippe ragen in diese Leere hinein. In der Einsamkeit des erstarrten Feldes ein Sterbender oder am Kreuz Verstorbener – Christus? – mit ausgestreckten Armen.

Abb. 94 Bronzetür der Westfassade der Basilika von H. Moos, 1992

Über dem Toten jedoch sprießen die Zweige neu hervor. Sie treiben sogar Blätter und Blüten: neues Leben, das Kreuz wird zum Holz des Lebens!

Die Darstellung ist bewußt offen gehalten. Sie soll anregen, aber nicht festlegen. – Wir können es so sehen: Der Teppich ist die Schöpfung, ihr Inhalt Leben und Liebe. Aber die Schöpfung wird zerstört: Geheimnis von Sünde und Schuld. Christus schenkte uns durch seinen Tod neues Leben. Jetzt kann alles weiterwachsen und blühen. Das Leben der Schöpfung wird durch Christi Tod und Auferstehung ewiges Leben, ebenso die Liebe.

Nun bekommen auch die Hände, die den Teppich halten, einen Sinn. Es ist der Vater, der – verborgen – alles trägt: die Schöpfung und die Liebe, das Leid und den Tod, aber auch das Auferstehen. Der Vater, von dem auch der Sohn sich getragen weiß, hält den Teppich uns entgegen, damit es uns zur Gewißheit des Glaubens werde: In Gott, im Vater und im Sohn, ist alles geborgen, unser Leben, unsere Liebe, Leid und Tod, aber vor allem ewiges Leben.

Diese Idee, Schöpfung und Erlösung, die irdische Gegenwart Christi und die »offene Verborgenheit« des Vaters auf solche Weise darzustellen, ist anregend und bewegend. – Letztlich geht es um das Heil – ein recht »salvatorianisches« Thema. Dieser Bildteppich könnte als zeitgemäße Deutung des Bibelwortes verstanden werden:

»Das ist das ewige Leben:
dich, den einzigen wahren Gott, zu erkennen
und Jesus Christus, den du gesandt hast.«
(Joh 17,3)

Anmerkungen

1 Lage: Steinfeld liegt im Schnittpunkt der Verbindungen zwischen Aachen-Koblenz und Köln-Trier. Oder etwas genauer: Man erreicht Steinfeld aus dem Raum Köln über die A 61; vom Autobahnkreuz Bliesheim über die A1 in Richtung Trier, Abfahrt Nettersheim. Dann sind es noch 12 km Landstraße bis Steinfeld. – Aus dem Raum Aachen, Monschau, Schleiden oder aus dem Raum Koblenz, Mayen, Blankenheim gelangt man nach Steinfeld über die B 258, Abfahrt Krekel. Mit dem Zug benutzt man die Bahnstrecke Köln-Trier bis Kall oder (bei Personenzügen) bis Urft. Von Kall bis Steinfeld sind es 7 und von Urft 2 km.

2 Joester, Ingried, Prämonstratenser in der Eifel – Steinfeld, in: Eiflia sacra, Studien zu einer Klosterlandschaft.

3 Johannes Chrysostomus van der Sterre, Lilium inter spinas, Vita B. Joseph ..., Notationes S. 290 ff, Antwerpen 1627 – Übertragung aus dem Lateinischen.

4 Von einer Grabstätte des Stifters Sibodo finden sich in Steinfeld keine Spuren; unter dem jetzigen Grabmal des heiligen Hermann Josef soll sich das Grab Dietrichs von Are befunden haben.

5 Es müsse sich, meint van der Sterre, um Bruno, den 26. Kölner Erzbischof, oder vielleicht um dessen Vorgänger Witfried, nicht aber um Siegfried gehandelt haben. – Schon die etwas unbestimmten Begriffe »Oratorium« (Gebetsstätte, Kapelle), »Domus« (Haus) und »Monasterium« (Kloster) lassen vermuten, daß hier mehr eine Entwicklung als ein einmaliger Gründungsakt umschrieben wird.

6 Potentinus war, der Legende zufolge, ein Gefährte des hl. Kastor († um 400), der vom hl. Maximin von Trier (†346) zum Priester geweiht worden war und dann in Karden eine Priestergemeinschaft leitete; vgl. Bernd Braukslepe/Anton Neugebauer, Klosterlandschaft Eifel, S. 38; Joester, Ingried, Prämonstratenser in der Eifel, hier S. 177/178.

7 Altarblatt des Potentinusaltars s. S. 6 und 39.

8 Kloster Springiersbach wurde kurz nach 1100 von Benigna, Witwe des Ministerialen Ruker, gegründet und 1107 durch Erzbischof Bruno von Trier bestätigt; vgl. Joester, Ingried, Prämonstratenser in der Eifel, S. 180.

9 Nr. 2 im Steinfelder Urkundenbuch, hg. von Ingried Joester.

10 Ob zwischen dem früheren Frauenkloster und der neuen Gemeinschaft eine Beziehung bestanden hat, läßt sich nicht nachweisen; zudem waren Doppelklöster im Prämonstratenserorden schon 1138 nicht mehr gestattet.

11 Norbert war Reformer, Prediger, Missionar, Beamter, Mönch, Bischof. Es ist, als habe die ganze Unruhe seiner Zeit sich in seiner Persönlichkeit niedergeschlagen. In einem dürfte er wohl beständig und sich gleich geblieben sein, in der radikalen Hingabe an Christus. Über dem Sakristeieingang befindet sich eine Holzplastik aus der Reihe der Ordensgründer; ebenso am Hochaltar. Ein großes Ölgemälde auf Leinwand im Eingangsraum der Klosterpforte zeigt ihn als eucharistischen Heiligen, der den Irrlehrer Tanchelm bekämpft. – In der ersten Kapelle des nördlichen Querschiffs werden in einem kleinen Schrein Reliquien des Heiligen verehrt.

12 Augustinus wurde durch Ambrosius zum Christentum bekehrt, empfing 387 die Taufe, wurde 391 zum Priester geweiht, wurde Bischof von Hippo und verstarb dort 430.

13 1626 wurden seine Gebeine aus Magdeburg, das sich der Reformation angeschlossen hatte, nach Strahov, Prag, überführt, wo sie noch heute verehrt werden. Die ikonographischen Darstellungen zeigen Norbert immer als Erzbischof von Magdeburg mit Monstranz und Stab, dazu oft mit der Mitra.

14 Die neue Regel gehe, so heißt es in der Urkunde von 1121, auf die Apostel selbst und auf das Leben der Urgemeinde zu Jerusalem zurück (Apg. 2,43-46). Augustinus habe sie vertieft und erprobt. Endlich sei sie in jüngster Zeit mächtig zu neuem Leben erwacht. Die Vita apostolica und die Vita evangelica, das Apostolat und der Weg der evangelischen Räte, sollten gleicherweise maßgebend sein.

15 Die Kirche vom hl. Andreas lag westlich der Basilika. Wann sie erbaut wurde, steht nicht fest, sie war aber sicher älter als diese. Mit der Aufhebung der Abtei 1802 wurde der Abbruch der Andreaskirche verfügt.

16 Vier Chorherren der Abtei versahen den Seelsorgsdienst dieses Sprengels. In Steinfeld wurden die Taufen gespendet und die Exequien für die Verstorbenen gehalten, während in den Filialkapellen zunächst nur der Sonntagsgottesdienst gefeiert wurde und erst später die eine oder andere Wochentagszelebration hinzukam. Dem Wunsch der Gläubigen, daß in ihren Filialen häufiger auch wochentags zelebriert, die Taufe gespendet und das Beerdigungsamt gehalten werde, setzte das Kloster lange Zeit hartnäckigen Widerstand entgegen; vgl. Meisterjahn, Bernward, Die Gründungsurkunde Kalls aus dem Jahre 1138. Verpflichtungen der Abtei Steinfeld gegenüber ihren Filialkirchen, Monschau 1988.

17 vgl. Carl Schorn, Eiflia sacra, Bd. 2, S. 588 ff.

18 1143 sandte er Gezo, Kanoniker und Kustos am Kölner Dom, der in Steinfeld eingetreten war, als ersten Abt in das neugegründete Kloster Strahov. Joester, Ingried, Prämonstratenser in der Eifel, S. 181.

19 vgl. Joester, Ingried, Prämonstratenser in der Eifel, S. 181.

20 4. Buch, 6. Kap. Dialogorum.

21 Dazu zählen: 1. Arnstein, 2. Averbode, 3. Floreffe, 4. Hamborn, 5. Knechtsteden, 6. Rommersdorf, 7. Park, 8. Postel, 9. Sayn, 10. Sint Jansberg, 11. Steinfeld, 12. Stoppenberg; ferner die Niederlassungen der Prämonstratenserinnen: 1. Averdorp, 2. Bedburg, 3. Brunnenburg, 4. Dünnwald, 5. Füssenich, 6. Meer, 7. Schillingskapellen, 8. Wenau; vgl. Kubach, S. 53– Doppelklöster waren in der Kirche nichts völlig Neues ; vgl. Angenendt, S. 217 f. – Nach der Verfügung des Generalkapitels von 1138 kam das Frauenstift von Steinfeld zunächst nach Hellenthal, dann über Wehr nach Dünnwald.

22 Im Heizungskeller sind davon noch Kapitelle und Basen erhalten.

23 Es ist denkbar, daß diese Kapellen ursprünglich für Klausner oder Klausnerinnen bestimmt waren. Möglich sind auch heute nicht mehr sicher erkennbare Beziehungen zum Doppelkloster der Reform von 1121.

24 Der neue Vierungsaltar wurde am 8.12.1993 eingeweiht. Altar und Podest wurden von dem Graphiker und Designer Heinz-Josef Olbertz gestaltet und vom Architekturbüro Rumpf aus Andernach und von der Firma Re Bau aus Kruft ausgeführt.

25 Vgl. Kubach/Verbeek, S. 263: »Der Oberbau, ein quadratischer Turm zwischen zwei runden Treppentürmen, ist Ende des 19. Jhs. nach Ritzzeichnungen im Putz wiederaufgebaut worden, ansprechend, wenn auch täuschend, jedoch nicht mit Sicherheit authentisch.«

26 Siehe Nachlaß von Prof. Wilhelm Neuß.

27 B. Meisterjahn (Hg), Glasmalereien aus dem Kreuzgang der ehemaligen Abtei Steinfeld, S. 45.

28 Schmidt, S. 29.

29 Deckers, H. L. Die geschichtliche Bedeutung der Prämonstratenser ... S 56:

»Im 15. Jahrhundert wird der Grund gelegt für die hohe Stellung, die Steinfeld dann in den folgenden Jahrhunderten einnehmen soll. Welches Ansehen Steinfeld im Orden genoß, zeigen die Visitations- und Reformaufträge des Generalabtes. 1448 wird Abt Johann Buschelmann zusammen mit dem Abte von Knechtsteden zum Visitator sämtlicher Klöster der westfälischen Zirkarie ernannt. Er erhält umfangreiche Vollmachten und weitgehende kirchliche Strafgewalt. Ebenso wird Abt Johann III. von Altena 1476 mit der Visitation der Zirkarie Westfalen betraut. 1483 erhält er den gleichen Auftrag für Westfalen und Friesland zusammen. Abt Johann IV. von Düren erhält 1494 und 1496 Visitationsaufträge.«

30 Teile des Chorgestühls sind heute noch in der Pfarrkirche zu Nettersheim erhalten.

31 Es wird auch die Ansicht vertreten, es handle sich um männliche Figuren; der Zustand der Schnitzereien läßt keine absolut sichere Deutung zu.

32 Legner, Anton , Reliquien.

33 Schmidt, S. 40.

34 Schmidt, S. 41.

35 (1920–1936) Wiederinstandsetzungsarbeiten unter Diözesanbaurat H. Renard, Provinzialkonservator Prof. Dr. Franz Graf Wolff-Metternich und Dombaumeister Prof. Dr. Weyres.

36 vgl. Schmidt S. 46, Abb. 47.

37 Das Kloster besaß einen eigenen Marmorbruch. Große Teile des Fußbodens der Basilika und das Hochgrab des heiligen Hermann Josef sind aus Urfter Marmor hergestellt. Noch bei der Renovierung der Pfarrkirche 1930 wurde Urfter Marmor verwendet.

38 Diese deutsche Übersetzung, die durchaus literarischen Rang beanspruchen darf, liegt auszugsweise in einer Neubearbeitung vor unter dem Titel : »Szenen aus dem Leben des hl. Hermann Josef von Steinfeld«. Dabei wurde die Sprachform von 1748 soweit gewahrt, als es unser heutiges Verständnis erlaubt.

39 Das Aquarell von L. Krause vereinfacht den Vorgang der mystischen Vermählung auf die Erscheinung der himmlischen Frau in Begleitung zweier Engel, während der Mönch in tiefer Betrachtung auf seinem Schemel versunken ist. Ein Ring leuchtet golden auf, Symbol der innigsten Verbundenheit des Heiligen mit seiner göttlichen Braut.

40 Vgl. Kugler, Hermann Josef, Hermann Josef von Steinfeld.

41 Deckers, H.L., S. 40: »Steinfeld verfügte in den Tagen des Propstes Ulrich über eine bedeutende Sammlung theologischer und historischer Schriften. Es waren besonders Traktate des hl. Augustinus und zahlreiche, vornehmlich karolingische Geschichtsquellen. Dennoch überwog in den Anfängen des Ordens bei weitem die religiöse und wirtschaftliche Aktivität, und auch später kann sich der Prämonstratenserorden in wissenschaftlicher Hinsicht mit anderen Orden nicht messen. Seine kraftvolle Gesundheit beruhte wesentlich auf der inneren Ausgewogenheit von vita activa in Seelsorge und Wirtschaftsführung einerseits und vita contemplativa in Meditation und Studium mit klarer Ausrichtung auf die Predigt.« – Die Bestände der Bibliothek gingen bei der Aufhebung der Abtei 1802 fast vollständig verloren.

42 Das Gestein der Brunnenschale mit porphyrischer Struktur ist ein Latit mit großen Hornblende-Einsprenglingen, als dessen Herkunft der Stenzelberg im Siebengebirge vermutet werden kann (K. Fr. Seifert).

43 Es handelt sich um Kopien; die Originale werden im Kloster aufbewahrt.

44 Auch hier befindet sich das Original im Kloster.

45 Das Original ist heute über dem Eingang zur Klosterkapelle aufgestellt.

Bildnachweis

Klosterarchiv Steinfeld:
Abb. 2, 4, 7, 9, 26, 51.

Musée du Louvre: Abb. 5, 30.

Alle übrigen fotografischen Aufnahmen:
Gregor Peda, Passau © 1994.

Schrifttum

ANGENENDT, Arnold, Das Frühmittelalter: die abendländische Christenheit von 400 bis 900, Stuttgart, Berlin, Köln, 1990.

ANNALES RODENSES, facsimile-uitgave, van transcriptie, tekstkritische noten en een inleiding voorzien door P. C. Boeren en G. W. A. Panhuysen, Assen 1968.

BACKMUND, Norbert, Geschichte des Prämonstratenserordens, Grafenau 1986.

BADSTÜBNER, E. , Ehemaliges Kloster Unser Lieben Frauen (in Magdeburg), in: G. Dehio, Handbuch der deutschen Kunstdenkmäler, Sachsen-Anhalt I, Bezirk Magdeburg, München/Berlin 1990.

BRAUKSIEPE, Bernd / NEUGEBAUER, Anton, Klosterlandschaft Eifel, Historische Klöster und Stifte zwischen Aachen und Bonn, Koblenz und Trier, Regensburg 1944.

CLEMEN, Paul, Die Kunstdenkmäler der Rheinprovinz, Kreis Schleiden, bearbeitet von Ernst Wackenroder, 1932.

CONSUETUDINES CANONICORUM REGULARIUM SPRINGIRSBACENSES – RODENSES, ed. St. Weinfurter, Turnholti 1978 (= Corpus Christianorum continuatio mediaevalis XLVIII).

DECKERS, H. L. Die geschichtliche Bedeutung der Prämonstratenser mit besonderer Berücksichtigung ihrer mittelalterlichen Niederlassungen im Rheinland; in: Analecta Praemonstratensia XXXVII (1961), S. 3174.

DEUTZ, Helmut, Geistliches und geistiges Leben im Regularkanonikerstift Klosterrath im 12. und 13. Jahrhundert, Siegburg 1990 (= Bonner Historische Forschungen 54).

DEUTZ, Helmut, Norbert von Xanten, in: Geschichte im Bistum Aachen, Bd 1, 1992, Aachen, S.2755.

ELM, K. (Hg), Norbert von Xanten. Adliger – Ordensstifter – Kirchenfürst, Köln 1984, darin u. a. folgende Beiträge:

Alders, A., Norbert von Xanten als rheinischer Adliger und Kanoniker an St. Viktor.

Elm, K., Norbert von Xanten. Bedeutung – Persönlichkeit – Nachleben.

Felten, F. J., Norbert von Xanten. Reisen und Aufenthaltsorte.

Ders., Norbert von Xanten. Vom Wanderprediger zum Kirchenfürsten.

FRANK, Karl Suso, Geschichte des christlichen Mönchstums, Darmstadt [5]1993.

GRAUWEN, W. M. , Norbert, Erzbischof von Magdeburg (1126–1134). Zweite überarbeitete Auflage, übersetzt und bearbeitet von L. Horstkötter, Duisburg 1986.

JOESTER, Ingried, (Hg), Urkundenbuch der Abtei Steinfeld; Publikationen der Gesellschaft für Rheinische Geschichtskunde LX, Köln-Bonn 1976.

JOESTER, Ingried, Prämonstratenser in der Eifel – Steinfeld, in: Eiflia Sacra, Quellen und Abhandlungen zur Mittelrheinischen Kirchengeschichte, Band 70, Mötsch Johannes und Schoebel Martin (Hg), Mainz 1994.

KOCH/HEGEL, Die Vita des Pämonstratensers Hermann Joseph von Steinfeld, Köln 1958.

KUBACH, Hans Erich, VERBEEK, Albert, Romanische Baukunst an Rhein und Maas, Bd. 4., Architekturgeschichte und Kunstlandschaft, Berlin 1989.

KUGLER, Hermann Josef, Hermann Josef von Steinfeld (um 1160–1241) im Kontext christlicher Mystik, St. Ottilien 1992.

KURTHEN, Josef und Willi, Der Kreuzgang der Abtei Steinfeld und ein ehemaliger Bildfensterschmuck in Wilhelm Neuss »Die Glasmalereien aus dem Steinfelder Kreuzgang«, Mönchengladbach 1955.

MEISTERJAHN, Bernward, Kloster Steinfeld, Schnell Kunstführer Nr. 1440 (von 1984), München [3]1991.

MEISTERJAHN, Bernward, Hg., Glasmalereien aus dem Kreuzgang der ehemaligen Abtei Steinfeld, Bozen 1989.

MEISTERJAHN, Bernward, P. Jordan, Gründer der Salvatorianer, Schnell Kunstführer Nr. 0936-5, München [3]1987.

MEISTERJAHN, Bernward, Der hl. Hermann Josef von Steinfeld, München 1987.

MEISTERJAHN, Bernward, Szenen aus dem Leben des hl. Hermann Josef von Steinfeld, ausgewählt und bearbeitet nach: Leben und Wunderwerck, des Heiligen Hermanni Josephi, Cöln 1748; künstlerische Gestaltung L. Krause, Bozen 1988.

MEISTERJAHN, Bernward, Die Gründungsurkunde Kalls aus dem Jahre 1138. Verpflichtungen der Abtei Steinfeld gegenüber ihren Filialkirchen, Monschau 1988.

MÖTSCH, Johannes / SCHOEBEL, Martin, Eiflia Sacra. Studien zu einer Klosterlandschaft (Quellen und Abhandlungen zur mittelrheinischen Kirchengeschichte Bd. 70) Mainz 1994.

PAULY, F. , Springiersbach. Geschichte des Kanonikerstifts und seiner Tochtergründungen im Erzbistum Trier von den Anfängen bis zum Ende des 18. Jahrhunderts, Trier 1962 (= Trierer Theologische Studien 13).

PETERS, Wolfgang, Kanonikerreform in der Eifel – Springiersbach, in : MÖTSCH, Johannes / SCHOEBEL, Martin, Eiflia Sacra, S. 203 ff.

SCHMIDT, Heinrich J., Steinfeld, ehemalige Prämonstratenser-Abtei, Neuß [2]1963.

SCHORN, Carl, Eiflia sacra, Bd 2, Bonn 1888/89 (Ndr. Osnabrück 1966)

STERRE, Johannes Chrysostomus van der, Lilium inter spinas, Vita B. Joseph, Notationes, Antwerpen 1627.

VITA NORBERTI ARCHIEPISCOPI MAGDEBURGENSIS = Vita A, in: Lebensbeschreibungen einiger Bischöfe des 10., 12. Jahrhunderts (= Ausgewählte Quellen zur deutschen Geschichte des Mittelalters, Freiherr vom Stein-Gedächtnisausgabe XXII, übersetzt von H. Kallfelz, Darmstadt 1973), S. 452/453–540/541.

VITA S. NORBERTI = Vita B, in Migne, PL 170, Sp. 1253–1344.